[瑞士] 荣格——著 ● 中央编译翻译服务组——译

个体成长心理学

中央编译出版社
CCTP Central Compilation & Translation Press

图书在版编目 (CIP) 数据

个体成长心理学 / (瑞士) 荣格著 ; 中央编译翻译服务组译 . —北京 : 中央编译出版社 , 2023.7

ISBN 978-7-5117-4406-7

Ⅰ . ①个… Ⅱ . ①荣… ②中… Ⅲ . ①心理发展 – 研究 Ⅳ . ① B844

中国国家版本馆 CIP 数据核字 (2023) 第 064842 号

个体成长心理学

策划统筹 张远航
责任编辑 郑永杰
执行编辑 周雪凝
责任印制 刘 慧
出版发行 中央编译出版社
地　　址 北京市海淀区北四环西路 69 号 (100080)
电　　话 (010)55627391(总编室) (010)55627312(编辑室)
(010)55627320(发行部) (010)55627377(新技术部)
经　　销 全国新华书店
印　　刷 佳兴达印刷 (天津) 有限公司
开　　本 880 毫米 ×1230 毫米 1/32
字　　数 51 千字
印　　张 4
版　　次 2023 年 7 月第 1 版
印　　次 2023 年 7 月第 1 次印刷
定　　价 36.00 元

新浪微博: @ 中央编译出版社 **微　　信**: 中央编译出版社 (ID : cctphome)
淘宝店铺: 中央编译出版社直销店 (http : //shop108367160.taobao.com) (010)55627331

本社常年法律顾问: 北京市吴栾赵阎律师事务所律师 闫军 梁勤

出版前言

荣格的《金花的秘密》和《未发现的自我》在中央编译出版社出版后，引起国内读者的广泛关注，其中不乏心理学爱好者、心灵探索者，以及荣格心理学的研究者。

这两本书之所以广受关注，原因正如它们的名字所指出的——“秘密”“未发现”，这是荣格向人类发出探索潜在奥秘的邀请。荣格曾感叹，在人类历史上，人们把所有精力都倾注于研究自然，而对人的精神研究却很少，在对外界自然的探索中，人类逐渐迷失自我，被时代裹挟，被无意识吞噬……

为了更好地向读者介绍荣格心理学，中央编译出版社选取荣格文献中的精华篇章，切入荣格关于梦、原型、东洋智慧、潜意识、成长过程等方面的心理问题、类型问题、心理治疗等相关主题内容，经由有关专家学者翻译，以“荣格心理学经典译丛”为丛书名呈现出来。此外，书中许多精美插图均来自于不同时期荣格的相关著作，部分是在中国书刊中首次出现，与书中内容相配合，将带给读者不一样的视觉与心灵冲击。

多年来，中央编译出版社注重引进国外有影响的哲学社会科学著作，其中有相当一部分是心理学方面的著作，目前已形成比较完整的心理学著作体系，既有心理学基础理论读物，又有心理学大众普及读物，可谓种类丰富、名家荟萃。我们希望这套丛书的推出，能够为喜欢荣格心理学的读者和心理学研究者，提供一套系统、权威的读本，也带来更好的阅读体验。译文不当之处，敬请批评指正。

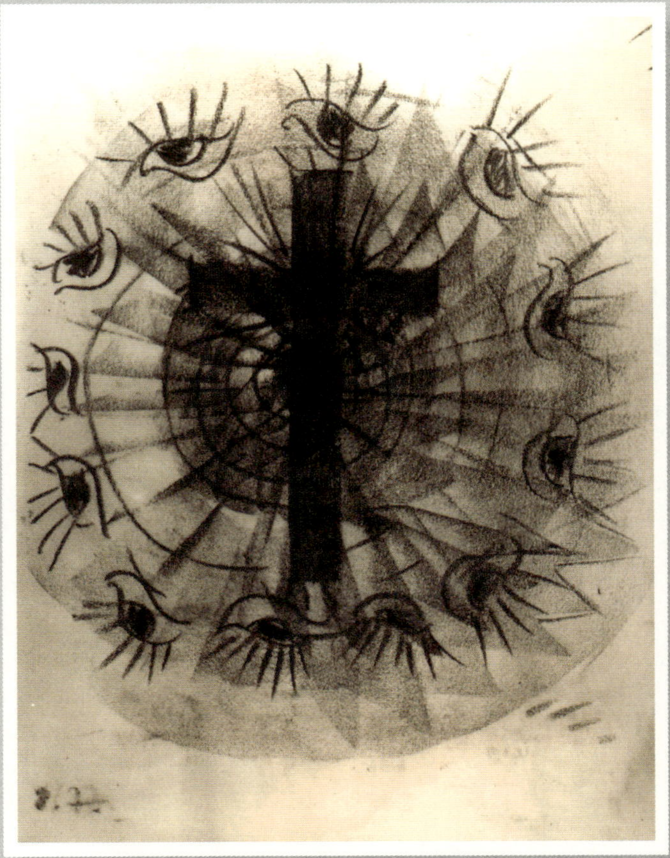

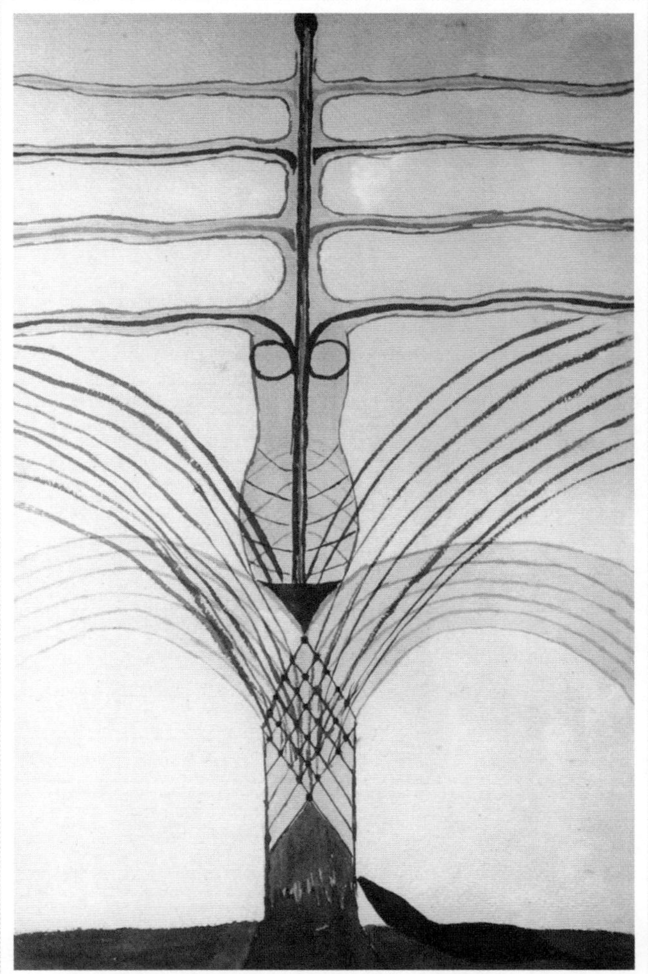

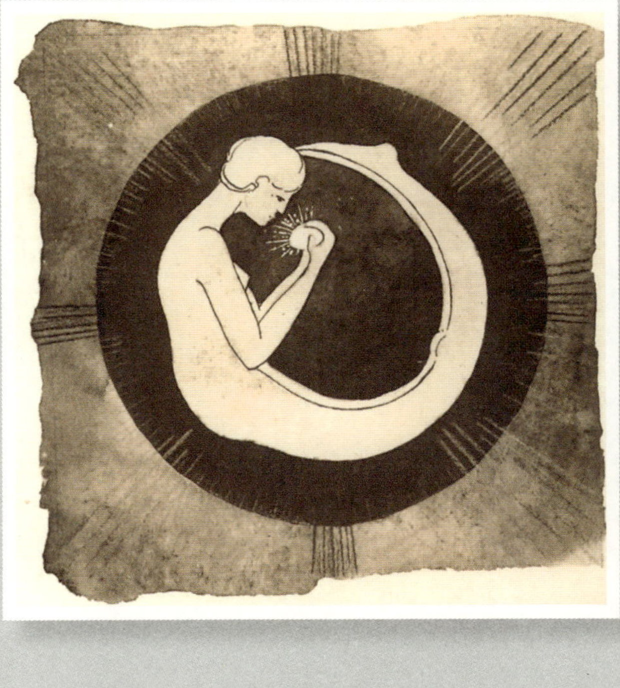

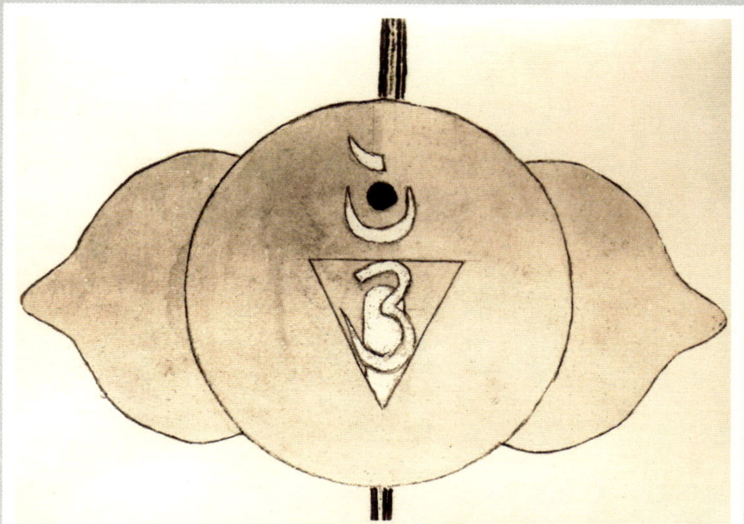

目　录

第一篇

人生的阶段

讨论与人类发展阶段有关的问题是一个激动人心的工作。这种激动不亚于展开了一幅精神生活的完整画卷，从摇篮到坟墓尽收眼底。作为一个讲座，我们只能以粗线条的方式论述这一问题。而且我们必须明白，在人生的各个阶段，我们都无法试图描述什么是正常的精神现象。相反，我们只能把自己的研究范围限定在某些特定的“问题”中，也就是那些困难的、可疑的，以及模糊不清的问题。总结起来，就是那些有多种答案的问题，而且这些答案经常是允许人们质疑的。正因如此，有很多想法都应该打上问号。糟糕的是，有一些事情，我们必须深信不疑，但是又必须时不时地沉浸在推测当中。

如果精神生活仅仅是由不言自明的事实组成——当然，精神在最基本的层面也的确是由事实组成的——那么我们大可坚定地依赖经验主义。然而，对于文明世界的人类，精神世界总是充满了各种问题，甚至我们只能用各种问题来描述它。我们的精神世界在很大程度上是由反思、怀疑和实验组成的。这些因素对于只有本能和潜意识的原始人类来说几乎完全是陌生的。只有意识的增长才产生了这些精神问题。这就是文明带来的馈赠。只有当人背离了本能，拒绝了本能，才产生了意识。本能是一种天性，它会天然地寻求延续这种天性，而意识只能寻求文化，否则就无法存在。即使是受到卢梭精神的影响，重新寻求天性，我们也是在“培育”天性。只要人类还沉浸在天性中，人就是潜意识的，生活在本能的庇护之下，而本能是不会产生问题的。在我们身上一切属于天性的东西，都不会遇到精神问题。因为问题本身就是怀疑，只要有怀疑，就有不确定性，进而就会有不同的道路。一旦面临多种可行的道路时，我们就拒绝了本能带给我们的确定性的指引，就会面临恐惧。这时，意识就被唤醒，来帮助我们做出确定的、无可置疑的、无可辩驳的决定。在这之前原本是天性来告诉我们如何决定，就像母亲指引孩子一样。我们像普罗米修斯一样创造了意识，但是我们陷入一种恐惧中，担心意识的指引最终还不如天性来得稳妥。这种恐惧太符合人类特性了。

精神世界的问题把我们引入了一种孤独又隔绝的境地：天性不再引导我们，我们只能依赖意识，我们别无选择。以前我们让一切自然发生，而现在我们被迫求助于意识来做决定，解决问题。这样一来，每一个问题都有可能扩展我们的意识，但也必然需要我们告别孩童般的潜意识，放弃我们对天性的依赖。这种放弃在精神上相当重要，它甚至是基督教在宣传中的核心标志之一。正是由于偷吃了伊甸园的禁果，牺牲了自然和纯朴的属性，放弃了潜意识，人类才开启了悲惨的旅程。圣经上讲人类堕落，它将意识的曙光视为一种诅咒。事实上，正是借着这曙光，我们才第一次面对每一个问题，这些问题让我们的意识更加强大，让我们进一步与伊甸园中的孩童时期的人类区别开来。我们每一个人都不愿意面对自己精神世界的问题。如果可能的话，要禁止提及这些问题，甚至最好否认这些问题的存在。我们希望生命简单、确定并且顺利，因此那些问题都是禁忌。我们只想要确定性，不想要疑问，只要结果不要实验，甚至没有意识到只有经历了疑问才能得出确定性，只有历经实验才能产生结果。狡猾地否定问题的存在是不能得到坚定信念的。相反，只有更广泛、更高层次的意识才能带来我们所需要的清晰性和确定性。

这段介绍虽然很长，但于我而言，是要阐释清楚问题的本质，这是非常必要的。当我们必须处理一些问题时，我们会本能地拒绝那些将我们引入模糊和黑暗的道路。我们只希望听到无可辩驳的结果。但是我们完全忘记了，只有冒险探索黑暗，并从黑暗中走出，才能得出无可辩驳的结果。要深入黑暗中探险，我们必须依赖意识的启迪，召唤它带给我们的全部力量。正如前文所言，我们必须沉浸在深思当中。因为要解决精神世界的问题，我们永远会碰到一些原则问题，这些原则问题涉及的知识领域最为纷繁复杂，而且属于私密范畴。我们会经常惹恼神学家，也难免惹恼哲学家、医生以及教育家，我们甚至会在生物学家和历史学家的地盘里摸索。之所以做出这么夸张的行为并不是因为自大，只是因为人的心灵实在是汇集了各种因素，这些因素也正是一些影响深远的研究中的特殊课题。这些问题已经超越了我们自身，也超越了我们创立科学所运用的制度。这些是人类心灵的症状。

那么，如果我们自问那个无法避免的问题："从根本上说，为什么人类与动物世界会有如此明显的差别，为什么人类会有这些问题，而动物没有？"几个世纪以来，数千个敏锐的头脑已经提出了很多思想，这些思想交织在一起，我们很难将其一一梳理出来，在此我就不在这些极度困惑中徒劳了。我只想简单地尝试回答那个最基本的问题，为这一问题贡献我的力量。

没有意识就不会产生问题。因此我们必须换一种方式来提问："意识最初是如何出现的？"没有人可以确定地回答这一问题，但是我们可以观察幼儿产生意识的过程。如果用心，每一位家长都可以观察得到。我们看到的是：当孩子认出一个人、一个物品时——我们指的是他有意识地

“认识”了一个人或者一个东西时，那么我们就能感觉到这个孩子已经有了意识。毫无疑问，这也就是为什么伊甸园里那棵知识树会结出改变命运的果实了。

但是，认出，或者说“认识”的意义是什么呢？当我们说“认识”了某种东西时，我们指的是成功地将新的感知和我们已有的背景内容联系在了一起。用这种方式，我们不仅对新感知到的事物有了意识，对已有的背景也有了意识。因此，“认识”的基础是感知到了精神世界多种内容之间的关联。如果一个内容没有和任何其他内容联系起来，那么我们就无法取得认识。如果我们的意识发展尚处于较低的初始阶段，我们甚至无法意识到这项内容的存在。据此，能被我们观察到的第一阶段的意识只是在精神中的两项或几项的内容之间建立关联。在这个阶段，意识只是零星存在的，仅限于我们感知到的少数内容之间的关联，而且用不了多久，我们就会忘记这些内容。事实上，在生命的头几年里我们并没有连续的记忆，最多只有一些意识的小岛，它们就像茫茫黑暗之中的些许孤灯或发亮的物体。但是，这些记忆的小岛不同于我们最早建立的那些关联，那些关联只是我们感知到的。而这些记忆小岛包含了一系列新的重要内容，它们属于感知的主体本身，也就是所谓的自我。这一系列的记忆，和那些最初建立的一系列关联一样，开始时只是感知到的。因此从逻辑上说，幼儿也是用一种客观的视角，用第三人称来看待自己的。只有到了后来，关于自我的内容，也就是所谓的“自我情结”本身获得了能量之后（这很有可能是培训和练习的结果），才会萌生主观的，或者说关于“我”的感觉。很可能当幼儿开始使用第一人称提到自己时，自我就开始萌生了。连续的记忆很可能就是从这一阶段开始的。因此，连续的记忆本质上就是自我记忆。

在意识的孩童时期，精神世界的问题还没有出现，还没有什么事情需要依赖他主观决定，因为这时的孩子还完全依赖他的父母。他就好像还没有完全出生，还完全活在父母的精神环境当中。精神上的出生，伴随着意识与父母产生差异，通常是到青春期，随着性能力的爆发一起出现的。精神上的巨变与生理上的变化同时发生。身体上展示出的各种变化让自我得到很大的发展，它在这一时期总是毫不吝啬地肯定自己，没有一点谦虚。这一时期有时被称为“让人无法忍受的年龄”。

在这一时期到来之前，个体的精神世界很大程度上是被本能所主导的，那些问题几乎不会出现。即便是外部的限制压抑了主观的冲动，也不会导致个体在精神上与自己产生冲突。他会顺应限制，或者绕过限制，让自己保持统一。他还没有体验过由精神问题引发的自我内在压力。只有当外部的限制转化成内在压力时，或者当一种冲动与另一种冲动相互矛盾时，他才会感受到。用心理学的术语，我们会说：当第一个自我，与第二个强度相当的自我同时出现时，才会产生有问题的状态，即自我内部的分裂。由于能量值的缘故，第二个自我在功能上发挥的重大作用不亚于自我情结。我们可以称它为另一个，或者第二自我，它有时甚至会抢夺第一自我的控制权，超越第一自我。这就让人产生了内部的分裂，预示着问题的出现。

总结起来：意识的第一阶段，存在于只能认出或者“认识”的阶段，它是一种无序的、混乱的状态。第二阶段，自我情结的发展阶段，是专制的、一元性的。第三阶段又把意识向前推进了一步，能够意识到一种割裂的或者说二元性的状态。

讲到这里，就进入了我们真正要讨论的主题——关于人生阶段的问题。首先，我们要讨论青年阶段。这一阶段大约从青春期后开始，直到中年。而中年大约开始于 35 岁到 40 岁之间。

很可能有人会问，为什么我要从人生的第二阶段开始，就好像孩童时期没有问题一样。当然，儿童时期精神生活的复杂程度对于父母、教育者和医生而言，无疑是最为重要的。但是正常情况下，孩童自己是没有真正的精神问题可言的。只有成年人会对自己产生怀疑，与自己产生分歧。

我们都很熟悉青年时期的问题从何而来。对于大多数人而言，生活残酷地终结了我们童年时期的梦想。如果一个人做好了充分的准备，那么他可以顺利过渡，开始职业生涯。但是，如果他紧抱着不合实际的幻想，那么一定会出现问题。每个人都不免对生活有过一些设想。有时，这些设想是错误的，不符合他所处的现实环境。常见的情形是期望过高、低估了困难、不适当的乐观或者消极情绪。一个人可能有一大堆错误的设想，积累起来导致产生了意识上的问题。

但是，问题的产生不仅仅是由主观设想和外部事实的冲突引起的，也时常是由内部的、精神上的困难引起的。即使外部世界运转很顺利，也有可能出现。很常见的是因为性的本能打破了精神上的平衡；另外一种常见的原因，是由一种无法忍受的敏感导致了自卑感。就算我们没付出什么努力就顺利地适应了外部环境，内在的问题可能也会存在。更有甚者，那些为了生计而艰苦奋斗的年轻人似乎免受内在问题之苦，反而是那些由于种种原因，没有经历什么困难就适应了环境的人会遭遇种种问题——或是由性引起，或是由自卑感引起。

由自身性情而引起问题的人常常会患上神经症。但如果把存在问题的状态和神经症混为一谈，那就是严重的误解了。存在问题的状态与神经症有一点重大区别，那就是神经症是一种疾病，因为患者没有意识到自己的问题；而自身性情不好的人并不是真的生病，而是遭受了意识问题的折磨。

青年时代，个体遇到的问题多种多样，种类无穷无尽。如果要试图从青年时期的问题中找到核心的、共性的问题，那么可以说我们在所有的案例身上都遇到了一个共同特点：那就是或多或少地对童年的意识抱有执念，而对那些推动我们卷入世界的内在或外在的强大力量产生抵触。我们内心的某种东西希望我们停留在孩提时代，保持在潜意识状态，或者最多只愿意意识到自我。它拒绝一切陌生的事物，除非将它们控制在自己的愿望之下。它什么都不想做，除非纵容于享乐或权力当中。上述种种都包含一种惯性，是对上一阶段的一种坚持。上一个阶段的意识往往更狭隘，比二元性的阶段更加以自我为中心。个体在这一时期所面临的，是需要认识并接纳自己生命中一个不同的、陌生的部分，也称作“同样是我”。

二元性阶段的核心特点，是生命范围的扩展，这遭到了个体的强烈地反抗。可以肯定的是，这种扩展——也就是歌德所说的舒张，其实早在进入二元性之前就开始了。当我们一出生，从母亲身体的狭小空间中脱离出来，这种扩展就开始了，它逐渐扩张，直到达到了峰值，便出现了问题状态。此时，个体就会和它产生冲突。

那么，如果个体改变自己，转变成他所陌生的“同样是我”，而让以前的自我消失在过去，又会怎么样呢？我们可能猜测，这是一个非常实用的做法。宗教教育信徒的目的——从规劝到原始族群的重生仪式，就是让人类转变成一个全新的、未来的人，让旧的自我渐渐消失。

心理学告诉我们，在某种意义上，我们心灵中任何东西都不是陈旧的，任何东西都不会真正地、彻底地消失。即便是保罗的身体里也留有一根刺。任何不接受新鲜和陌生环境，退缩在过去的人，与那些抛弃过去，认为自己是全新的人一样，都会陷入同样的神经症状态。两者唯一的不同，仅在于前者疏远了未来，后者疏远了过去。原则上说，这两种人都在做同样的事情：强化范围较窄的意识，而不是让心理上的冲突打破这种意识，进而重建一种更广阔、更高层的意识。

如果意识可以被带入人生的第二阶段，这种结果是最完美的。但是摩擦总会产生。一方面，人的天性可不在乎什么更高层次的意识，它与意识相背而行。另一方面，社会也并不十分重视这种心灵上的壮举。社会所奖励的只是成就，而非人格。人格至多只是在一个人过世后才会受到奖励。迫于这种事实，我们只能找到一种特殊的解决方式：让自己只做那些可以达到的事情，将自己的才能与其他人区分开来。那些在社会上取得成功的人正是因此发现了真正的自己。

取得成就，成为有用之才似乎为我们指明了一条理想的道路，让我们走出问题引起的混乱状态。这一信念犹如北极星，引导我们立足于世，探索世界，让我们在这个世界扎下根来。然而它并不能指引我们拓宽意识，形成我们所说的文化。但是，在青年时代，取得成就的确是一条正常的道路，总比在一大堆问题中艰难摸索要好得多。

因此，这种矛盾经常以这样的方式得以解决：无论过去得到了什么，我们都将其加以调整，适应未来的各种需要。我们将自己局限于可达到的成就，这就意味着放弃其他精神上的潜力。这样一来，一个人会失去过去的某一段宝贵财富，同时失去未来的某一段宝贵财富。我们每个人都能记起一位朋友，或者一位同学，他们在年轻时似乎满怀理想，前途无限。然而当我们再次见到他们时，他们已经变得乏味而平庸。这就是以上这种解决方式达到的结果。

然而，我们生命当中的那些严肃的问题，从来没有真正得到解决。之所以出现这种情况，那必定是我们失去了过去的一些东西。精神问题存在的意义和目的，其实并不在于我们最终解决了它，而在于我们持续解决问题的过程。只有持续地解决问题，才能使我们免于厌倦和惊恐。青年时代的问题也同样如此。我们将自己限制在可达到的范围内，这只是一种权宜之计，并不能解决更深层的问题。当然，不管怎么说，能在社会上找到自己的立足之地，改变自己的天性以便适应自己所处的环境，这已经是很了不起的成就了。解决这些问题是一场自我内部和外部世界同时进行的斗争，其激烈程度不亚于儿童时代的寻求自我的斗争。只不过，这场斗争是在黑暗中进行的，很多情况下是不为人所发觉的。很多人在长大以后抱有童年时的错觉、幻想和以自我为中心的习惯。只要看看这些错觉或习惯有多根深蒂固，就可以看出形成这些幻想需要多大的能量了。青年时期，正是这些理想和信念引领我们走向人生，我们为之奋斗、痛苦并取得胜利。这些理想和信念同我们一起成长，引导我们做出改变，同我们融合在一起。我们试图让这些信念永久持续下去，就像很多年轻人一样，肯定自我，不在乎外部世界，甚至是自己内心的其他力量。

我们越是接近中年，个人的态度越坚定，社会地位越稳固，我们就越相信自己走上了正确的道路，拥有了正确的理想和处事原则。因此，我们便会认为那些理想和信念是永远正确的，于是就会坚定执著地固守这些信念。我们忽略了一个重要事实，那就是我们取得的社会成就，是以减损人格为代价的。太多我们原本可以去体验的生活，和尘封的记忆一起被搁置在某个晦暗的角落，偶尔在灰尘中闪出一点点亮光。

有数据显示，40 岁左右的男性患精神抑郁的可能性正在增加。对于女性而言，问题可能会出现得更早一些。我们发现，在 35 至 40 岁这一阶段，人的精神世界正酝酿着一场重要改变。起初，变化并不明显，也不容易察觉。它更像是一种间接的信号，预示一场变化似乎要从潜意识中兴起。通常是性格的缓慢变化。有一些案例中是孩童时代消失的一些特点重新恢复了；再或者，一些原有的倾向和兴趣逐渐减弱，被其他兴趣所取代。相反的情况也有可能会出现，并且不罕见——有一些人所珍视的信念和原则，尤其是道德原则，变得更加坚定，甚至愈发刻板，直到 50 岁左右，达到无法容忍的狂热时期。就好像这些原则正处于危险，必须努力加以强化似的。

青年时期如一杯酒，然而随着年龄的增长，这酒并不总是一直清澈的，有时会变得浑浊。前面提到的所有现象，在性格单一的人身上表现得尤为突出，只是表现的时间或早或晚。在我看来，这些现象可能会因为父母健在而延后出现，就好像此人的青年被过度延长了。对于父亲长寿的男性而言，这种现象尤为明显。一旦父亲去世，他的生命就会发生翻天覆地的变化，让他走向成熟。

我认识一位虔诚的教堂执事，他从40岁开始对道德和宗教表现出一种让人难以忍受的偏执。与此同时，他的脾气变得越来越差，在教堂的地位也逐渐下降。他就这样活到55岁。突然，有一天半夜，他从床上坐起来，对妻子说："现在我终于明白了，我只不过是一个平庸的无赖。"这种意识并非没有结果：接下来的日子他变得放纵起来，挥霍了大部分家产。真是个可爱的家伙，只是走了两个极端。

成年人最常遇到的精神困扰都有一个共性：他们总想把青年时期的心理带到下一个时期。在我们身边总会有一些老人，喜欢经常重温自己学生时代，只有回忆自己英雄般的青年时期才能重燃他们的生命之火，但在生活中他们已陷入无望之中。可以肯定的是，他们并没有患上神经症，他们只是疲倦了，变老套了。神经症患者永远不喜欢当下所拥有的一切，因此也永远无法享受过去。

神经症患者此前无法逃离童年阶段，而现在是无法脱离青年阶段。他畏缩不前，不肯面对年龄的增加。他感到自己的前景难以忍受，因此总是转向过去。正如那些幼稚的人面对未知的世界时畏缩不前一样，这些成年人也不肯面对自己的后半生，就好像前方有未知的危险任务一样，好像他被迫要接受自己不愿接受的损失或者牺牲，又好像生命到目前为止一直美好而珍贵，他不想放弃现有的生活。

这有没有可能是内心深处的一种对死亡的恐惧？在我看来不太可能，因为总体来说，死亡还有些遥远，有些抽象。相反，经验告诉我们，这一时期难以跨过的原因在于我们灵魂深处的一些特定变化。为了描述清楚这种变化，我得用太阳每天东升西落来做一个比较——在此我是将太阳拟人化，让它拥有人类的感受和有限的意识。早晨，太阳从潜意识这个黑暗的海洋中升起，眺望它面前这个广阔而明亮的世界，它升得越高，看到的世界就越是广阔。随着太阳越升越高，照耀的范围越来越广，它会逐渐发觉自己的重要性。它要升到它所能达到的最高处，将自己的光芒播撒到它可企及的最远处，他将这视为自己的目标。在这一信念的驱动下，太阳沿着它的道路达到了无人能及的顶点。太阳是独特的，没有人能够提前预知它的顶点。直到正午，太阳爬升到了顶点，开始下降。这就意味着那些在爬升过程中它所珍视的理想和信念都要发生逆转，它开始和上午的自己发生矛盾。这就好像它不能再放射光芒，反而要收回光芒，它的光和热也在逐渐减退，直到完全消失。

一切比喻都不是完美的，至少这一比喻比其他的略好一些。有一句法国谚语总结了这种情况：如果年轻人有经验，老年人有精力，世界将更美好！

幸好我们不是太阳，太阳升起和降落的过程与我们的文化价值观并不相符。但是在我们身上也有类似太阳的地方，正如我们也说生命的早晨和春天，或者生命的迟暮和秋天，这并不是多愁善感，而是在表述心理上的实际情况，甚至是生理上的一种事实。这种逆转会大大改变我们的性情。在南方的一些族群中，这种逆转更为明显。我们会发现年老的女性声音变得更加低沉、沙哑，甚至长出了胡子，并显现出了一些男性的特征。而男性的生理特征则变得柔和，身体开始肥胖起来，面部表情也更加柔和。

人类学作品中有一个有趣的记载：一位印第安武士的首领在中年时期梦到了神灵。神灵告诉他，从即刻起，他要与女人和孩子为伍，穿女人的衣服，吃女人吃的食物。他遵照神的指示做了，威望也并没有下降。这一景象可以说真实地表达了生命达到顶点后，精神上开始走向下降的过程。人类的价值观，甚至是身体，在达到顶点之后都会朝着相反的方向发展。

或许我们可以把男性化气质和女性化气质看

作我们身体里的一些特定物质，这些气质都有特定的存量。但是在我们的前半生，我们对这些物质的使用并不均衡。男性在前半生主要消耗男性气质，留下了少量女性化的气质。到了生命转折点，他也只得使用女性化的气质了。而女性则相反，在生命的后半段不得不开始发挥男性的气质。

这种变化在精神领域体现得更为明显。男性到了 45 至 50 岁时通常会准备退休，而这时候妻子却准备大干一场。她可能开一家小店，而男性只不过在里面打打杂。这种情况非常常见。很多女性经常是到了 40 岁之后才开始有了社会意识，开始承担社会责任。在现代商业生活中，尤其是在美国，40 岁之后出现神经衰弱是非常普遍的。仔细研究神经衰弱的患者，就会发现这些人的生活一直是非常阳刚的，正是这些男性化的气质撑起了他们的生活，而现在这些男性气质垮掉了，他们变得柔弱起来。在女性方面则恰恰相反：在同样的商业氛围里，女性在后半生则展现出不平凡的男性气质，她们变得阳刚，把感性的一面搁置起来。通常发生这些变化的同时，婚姻中的种种不幸也会随之而来。不难想象当丈夫发现了自己温柔的一面，而妻子发现了自己坚毅的一面后，会带来怎样的后果。

最糟糕的是，一些有才智的、受过良好教育的人们甚至不知道生命当中可能会有这种转变。他们完全没有任何准备就迈入了人生的后半段。有没有专门为 40 多岁的人设立的大学，帮助他们迎接人生的新阶段和新需求，就像普通大学帮助年轻人进入社会一样？答案是否定的。我们毫无准备就进入了人生的午后。更糟糕的是，我们还错误地认为我们前半生所坚信的真理和理想还会为我们服务。然而，我们不能按照人生清晨的方式来度过人生的午后。清晨时分重要的东西，在傍晚已经变得无足轻重，清晨时分的真理到了傍晚时就成了谎言。我曾为许多年事渐高的人做过心理治疗，窥视过他们的灵魂深处，这条信念并没有动摇。

上了年纪的人应该知道，他们的生命已经不再上升和拓展，一种不可抗拒的内在力量正在让生命不断收缩。对于年轻人来说，太过专注于自己是一种罪恶，至少是一种危险，而对于老年人来说，全身心地关注自己则是身体的需求，也是这个阶段的一种责任。正如太阳在把自己的光芒赐予世界之后，需要减弱一些光芒以照亮自己。许多老年人不仅没有收回自己的光芒，反而患上了忧郁症，或变成了小气鬼、书呆子，他们赞美过去，成了长不大的年轻人。这些都是不关注自己导致的可悲的结果。他们误以为前半生的准则仍适用于后半生，结果不可避免地导致了以上这些症状。

我在前面提到，我们没有专门为40多岁的人开设的学校，这也并不完全正确。宗教曾经就是这样的学校。然而现在，还有多少人会学习宗教的教义？有多少老人曾经在宗教的影响下成长，并做好了准备迎接人生的后半段、老年阶段，甚至是死亡以及来世？

人类能活到70岁到80岁高龄，对整个族群必定是有意义的。人生的午后也必定有其重大意义，这个阶段并不仅仅是人生前半段的可悲的附属。毫无疑问，前半生的重大意义在于个人发展，立足于世，繁衍后代以及照顾子女，这是自然本性的目的，非常明显。当我们实现了这些目标，甚至是超越了这些目标时，赚取钱财、征服领地、延长生命这些目标能够超越理性与感性而继续存在吗？无论什么人，如果将自己前半生的法则和天性目标带入后半生，那么他的灵魂必将受损，为此付出代价。就像一个不断成长的年轻人，如果成年后还像孩子一样以自我为中心，他也必定要为这种错误付出代价，无法在社会上取得成功。赚取钱财、取得社会成就、组建家庭并养育后代，这些无非是天性罢了，并不是文化。文化是独立于这些天性目标的。那么有没有可能我们后半生的意义和目标是延续文化？

我们观察到，在原始部落中，老人几乎永远是秘密和规则的守护者。部落的文化遗产正是通过这些秘密和规则表现出来的。而我们是怎样做的？我们老人的智慧到哪里去了？他们那些宝贵的秘密和洞察力在哪里？现在很多老年人在试图和年轻人竞争。在美国，理想的情况竟然是父亲成为儿子的兄弟，而母亲最好成为女儿的妹妹。

我不知道这种混乱多大程度上是对此前过度尊重老年人的反叛，多大程度上算作是错误的理想。毫无疑问，这些理想是存在的。抱着这些理想的人，他们追求的目标在过去，而不在将来。因此他们总是试图转向过去。我们必须承认，除了前半生那些人尽皆知的目标外，他们很难为后半生找到其他的目标。延展生命、让自己有用、变得高效、改变自己以适应社会，抑或是精明地为自己的后代安排好婚姻和社会地位，这些目标难道还不够吗？很不幸，这样的人只是把迈入老年看作是生命的萎缩，他们感受到先前的理想在不断地褪色、衰败。对于他们来说，这些目标和意义的确不够。当然，如果他们此前已经将生命的量杯注满又重新倒出，那么他们的感受就会完全不同。他们不会再有所保留，任何想要燃烧的东西早已在年轻时充分燃烧，他们会非常高兴地迎来老年时期的宁静生活。然而我们也不能忘记，只有极少数的人能够达到如此极致，他们是生活的艺术家。在所有的艺术领域中，生活的艺术是最卓越、最罕见的。谁又能优雅地将生活之酒一饮而尽呢？因此，对于很多人来说，生命还有很多尚未体验的旅程——尤其是还有一些没能尽力发掘的潜能。他们就这样带着不满足跨入了老年，不可避免地时时回望过去。

对于他们来说，回望过去是非常危险的。他们十分需要看到未来的前景，为未来设定一个目标。这也是为什么所有伟大的宗教信仰都承诺人会有来世，宣扬超越尘世的目标，让凡人在自己的后半生也能像前半生一样拥有人生目标。对于现今的人来说，延展生命，以及达到生命的巅峰都是可靠的目标，而死亡之后是否还有来生是值得怀疑的，无法令人信服。生命的终结，即死亡，只有在两种情况下能够变成合理的目标：一种是生命过于悲惨，甚至比死亡更痛苦；另一种是我们相信，太阳调整了位置，在别处爬升到顶点，以相同的方式“照亮远方的族群”。但是，对于现在的人而言，这一观点是很难让人信服的，大部分人都无法接受，尤其是那些受过良好教育的人们。他们已经习惯性地认为，对于永生相关的问题，有太多相互冲突的观点，然而每种观点都没有能让人信服的证据。在当今世界中，只有“科学”才是令人绝对信服的。既然如此，我们就需要看到“科学的”证据。但是，受过教育的人们都非常清楚，这种证据在哲学上是不可能找到的。我们无论如何也不可能得到这方面的知识。

那么我是否可以这样说：出于同样的原因，我们也不可能知道人在去世之后发生了什么？对于这个问题我们不可能作出任何回答，既不能肯定，也不能否定。因为无论是肯定还是否定，我们都没有完全确定的科学知识来支撑。就好像我们根本无法回答火星上是否有生命这个问题。如果真的有，它们也不会在意我们是肯定还是否定它们的存在。火星上可能有生命，也可能没有。关于永生这一问题，我们也面临着同样的境地，因此我们只能暂时搁置这一问题。

此时，我作为医生的良知开始觉醒，并督促我讲出一个观点，这与我们讨论的问题关系重大：据我观察，有目标的人生通常比漫无目的的人生更美好、更富足、更健康。而且我们最好是顺着时间长河一起前行，不要逆流而上。在一个心理治疗师看来，一个不能和生命说再见的老人，和一个不敢拥抱生命的年轻人一样无力、一样病态。事实上，很多情况下这两种人都是同样如孩子般贪婪的，同样拥有恐惧、自大和固执的心态。作为一个医生，我相信，如果能在死亡中找到一个可以为之奋斗的目标，那也是有益健康的——如果我可以用“有益健康”这个词的话。而相反，畏缩退避是不健康、也不正常的，这会让我们的后半生失去目的。因此我认为，从精神健康这个角度来说，宗教所倡导的超越尘世的目标是很有道理的。如果我知道我所居住的房子在未来两周之内将会倒塌，我的身体一定会因为忧虑而受到损害；相反，如果我感觉很安全，我就会正常地住在这里，感觉很舒适。从心理治疗的角度，更可取的想法是认为死亡只是一种过渡，是生命的一部分，而生命的长度以及生命如何延续，我们仍未可知。

虽然大部分人都不知道我们身体为什么需要盐分，但是我们还是在获取它，因为这是我们本能的需求。有关精神的问题也是如此。从远古时代开始，人类在大多数时候都需要相信生命会在死后得以延续。因此，心理治疗并不是走向了歧途，而是将人类引回我们曾经走过的大道。正因如此，我们的思考是正确的，与生命和谐一致的，尽管对于思考的内容，我们还不能完全理解。

我们理解我们正在思考的内容吗？我们只知道这是一个复杂的问题，我们提出了问题，但是没有得出结果。这是才智出众的人所从事的工作。除此之外，我们还有一些思考是以原始图像、符号的方式进行的。这些图像和符号早在原始人类产生之前就存在，从最原始的时期开始就刻在了人类的基因中，并且跨越世世代代而永恒存在。它们至今仍构成了人类精神世界的根基。

第二篇

父亲对个体命运的重大意义

文章第二版前言

这篇短小的论文写作于17年前。当时文章结尾写道："在这一深邃晦暗的领域，我的研究仅仅投射出了一丝转瞬即逝的亮光。希望未来我们能有更多的经验，深入到灵魂的居所，去探究命运是如何形成的。"随后几年积累的经验确实改变或加深了我们对一些事的看法，其中一些有了新的视角。我发现我们的精神和命运的根基比"家庭罗曼史"（Family romance）还要深。而且，不仅是孩子，连父母也只不过是家族谱系这棵大树中的分枝而已。我在写《力比多的转化与象征》（*Wandlungen und Symbole der Libido*）中的恋母情结时，就清楚地认识到这种情结的深层原因了。不仅父亲，而且母亲也是影响孩子命运的重要因素。这是什么原因呢？并不是因为父母自身有着这样或那样的优缺点，而是因为他们碰巧成为了孩子的父母，在孩子小时候，他们是最早将人类神秘而强大的法则传授给孩子的人。这些法则不仅适用于家庭，也适用于整个民族，甚至整个人类世界。这里说的法则指的并不是由人类的智慧制定的法律，而是自然界的法则与力量，人类在其中处于危险边缘。

我准备保留这篇论文的原貌，因为文中并没有什么错误的内容，只是过于简单，过于单纯。

当时我在结尾引用了贺拉斯的诗，指那些深邃晦暗的背景：

> 多样的东西才能合成世界，有此有彼，有黑有白。[①]

荣格

1926年12月于瑞士屈斯纳赫特

---

①（为什么竟会如此）只有守护神才知道——统治着我们出生的星球的伙伴，人类天性的神明，虽是凡身却陪伴每个生命，经常改变着自己的面容，时怒时喜。——贺拉斯《书札》第二卷，第二部分，第187—189页。

文章第三版前言

这篇论文最早作于近40年前。本次我准备不再保留最初的版本。从文章发表以来，很多事情发生了改变，有了新的面貌。因此我认为必须对原文进行一些修改和补充。主要是集体潜意识理论的提出，使得关于情结的理论出现了一些问题。在此之前，人格似乎是独特的，没有根基的。但是现在我们认为，个人后天形成的情结有一个广泛的前提，即我们先天遗传的生理结构。这种生理结构是人类本能的基础。命运是一系列偶然因素的组合，而我们的生理结构产生的力量或阻止了某些因素，或加强了某些因素，这股力量决定了我们命运中的各种安排。整个动物世界都是如此。我们每个人的正常状态都会在这种遗传性的生理结构上留下印记，这在人类遥远的祖先身上就已经发生过无数次。与此同时，这种生理结构让我们有一种先天性的本能，去寻求或者说制造正常的状态。压抑的情感如果不是进入了早已存在的本能的底层，一定早就消失得无影无踪了。这里我们可以发现，一种力量在顽强地抵抗着理性和愿望，这就是情结冲突的本质。

我尝试着根据这些新发现对原文进行修改，让文章在一定程度上符合我们目前的认知。

荣格

1948 年 10 月

命运引领着顺从它的人，拖拽着不顺从它的人。

——克里安提斯

弗洛伊德指出，儿童与其父母的情感关系，尤其是与父亲的关系，对日后形成各种类型的神经症起到决定性的作用。这种关系像是幼儿时期的一条通道，一个人长大后如果遭遇了什么困难，力比多[①]就会沿着这条通道回流，进而重新激活那些我们早已忘却的、孩提时代的内容。当我们面对巨大的困难而退缩时，比如面临极度失望，或者要作出影响深远的决定之时，就更是如此。我们为克服困难所储存的能量便会顺着儿时的通道，退回到先前废弃了的系统中。爱情幻想破灭的人会从亲密的友谊，或者不真实的宗教狂热中寻求安慰。如果他患有神经症，他甚至会退缩到他从未完全忘却的、幼年时期的情感关系，即对

① 早先的心理学家将力比多称为“意愿”或“倾向”。弗洛伊德的表述是一个“命名过程”。

父母的依恋中。而正常人受到种种规则的约束，是不会寻求这样的关系的。

我们所作的每一次分析都不同程度上展现了这种退缩。在弗洛伊德的作品中，一个显著的特点在于，孩子和父亲的关系似乎有着特殊的重要性。（这并不是说父亲对孩子命运的影响大过母亲，只是父亲的影响有着一些特殊的性质，与其他人，尤其母亲的影响有显著的区别。[①]）

父亲在塑造孩子精神方面的重要意义，在另一个领域——家庭的研究[②]中也可以体现出来。最新的调查显示，如果父亲的性格影响力在一个家庭中占据主导地位，那么这种影响力常常可以持续几个世纪之久，而母亲的重要性似乎位居其

---

① 我曾在两个场合讨论过这个问题：《转化的象征》（*Symbols of Transformation*）中关于儿子的内容，以及《从心理学角度谈母亲的原型》（*Psychological Aspects of the Mother Archetype*）中关于女儿的内容。

② 《家谱与遗传学》（*Familienforschung und Vererbungslehre*）（1907），佐默尔（Sommer）著；《零号家庭》（*Familie Zero*）（1905），乔尔格（Joerger）著；《关于精神特质的家族研究》（*Genealogisch Studien über die Vererbung geistiger Eigenschaften*）（1908），齐尔默（Ziermer）著。

次。如果这是遗传的结果，那么我们可以认为父亲在心理上的影响力也是真实存在的。① 我的学生艾玛·福斯特博士（Dr. Emma Fürst）的一项研究，让这一问题的范围更加宽泛。福斯特博士研究了家庭成员之间反应类型的相似性。② 她对来自 24 组家庭的 100 个人进行了字词联想测试。在众多的测试材料中，我们目前只完成并发布了对 9 组家庭的 37 位受试者（全部都没有接受过教育）的研究。但通过这些数据我们已经可以得出一些有价值的结论。这次字词联想测试经过我的简化和修改后，归入了克雷普林－阿莎芬堡计划（Kraepelin Aschafenburg Scheme)。随后我们也计算了相同受试者对不同提示词的反应差异，以及相同的提示词对每位受试者的反应差异。由此我们算出了这些反应类型差值的平均值。

---

① 这些经验，尤其是我与奥托·格鲁斯博士（Dr. Otto Gross）共同完成的分析，让我更加坚信这一观点。

② 《关于字词联想与未受教育者家庭成员之间反应类型一致性的数据调查》(*Statistical Investigations on Word-Associations and on Familial Agreement in Reaction Type among Uneducated Persons*)，作于 1907 年。

无亲属关系的男性：5.9

无亲属关系的女性：6.0

有亲属关系的男性：4.1

有亲属关系的女性：3.8

从上面的数据可以看出，有亲属关系的人，尤其是女性，大体具有相似的反应类型。这意味着亲属之间的心理态度虽然有差异，但是差异不大。针对亲属之间的不同关系，我们的测试得出以下结果：

丈夫与妻子之间的差值平均可达 4.7，但离散值可以达到 3.7，非常高。这说明，要达到 4.7 的平均值，这组数据的浮动范围必定非常大：有些夫妻之间的反应方式非常接近，另外一些则没那么接近。

整体上看，父亲与儿子、母亲与女儿的反应类型更为接近。

父亲与儿子的差值：3.1

母亲与女儿的差值：3.0

除了少数一些夫妻（他们的反应类型差值最低仅 1.4）之外，父母与孩子的差值是最低的一类了。福斯特博士甚至发现，一位45岁的母亲和她16岁的女儿两人的反应类型差值仅为0.5。也正是在这一案例中，母亲和女儿与父亲的反应类型差值达到了11.8。父亲是一个粗鲁愚笨的酒鬼，而母亲则加入了基督教科学会。母亲和女儿对提示词的反应类型带有极度明显的价值判断[①]，而不是客观描述。从我的经验来看，这是一个重要的信号表征了对象间的冲突关系。具有明显价值判断的反应过强地表现出受试者的主观感受，虽然他们没有承认，但是很明显，实验激起了他们的一些情感。这一观点和福斯特博士的实验数据是吻合的。她的实验也显示，受试者的年龄越大，在测试中给出的价值判断性回答就越多。

孩子与父母在反应类型上的相似性引起了我们的思考。字词联想实验无疑是一个人心理生活的小片段。从根本上说，我们的日常生活就是一个更全面的、更多样化的字词联想实验，总的来

① 这里我的意思是受试者对提示词的回应总是带有主观价值的判断，而不是客观的联系。例如花朵（好看），青蛙（恐怖），钢琴（惊人），盐（坏），唱歌（甜美），做饭（有用）。

说，我们不断地对一个又一个提示词作出回应。当然，这一观点还有待进一步反思和限定。就以这位 45 岁的母亲和 16 岁的女儿为例，母亲在测试中极度主观的反应，无疑是一生中无数次希望破灭、愿望落空的产物。形成这样的反应类型一点也不足为怪。而这位 16 岁的女儿，其实还没有真正地有过自己的生活。她还没有结婚，但是她在测试中的反应就好像已经像母亲那样经历了无数次幻想破灭似的。她继承了母亲的态度，在这方面与母亲极为相似。母亲之所以会形成这种态度，是和夫妻关系分不开的。然而女儿并没有嫁给她的父亲，大可不必如此。但是这样的家庭环境已经对她的心理造成了影响，未来她也会带着这种家庭问题的影响去适应社会。这会导致不般配的婚姻，这样的婚姻也会让她的态度变差。女孩只有在往后的日子里克服家庭环境中的种种困难才能适应生活，否则就只能向命运低头，被以往的态度所左右。

很明显，这样的命运有很多种可能性。一种是忽略家庭问题，父母性格中消极的一面会不知不觉地在孩子内心深处发展，以压抑和冲突的形式存在，连她自己都没有意识到。另一种可能的情况是，随着她渐渐长大，她会与现实世界产生冲突，无法在社会上找到合适的位置。命运的打击接踵而至，直到有一天，命运让她看到了自己身上幼稚的、无法适应社会的地方。影响她适应社会的根源自然是在于幼儿时期与父母的情感关系。这是一种心理感染，感染的原因如我们所知，并不是从逻辑事实得来的，而是在情感或者行为方式的影响下形成的。[①] 从 1 岁到 5 岁这一性格形成最关键的时期，最重要的性格特征已经形成了，而且和父母的性格一模一样。经验告诉我们，长大以后出现一方面拥有父母的气质，一方面想要寻求独立这样的心理冲突，必定在 5 岁以前就显示出信号了。

我想通过几位病人的病史，向读者展示父母如何影响孩子适应社会。[②]

---

① 《心理感染》(*La Contagion mentale*)（1904），第六章，维古赫与雅克利著。

② 只阐述重大事件，例如性行为，就足够了。

病例一

有一位女性，55 岁，保养得不错。她穿着一身黑色衣服，虽然简朴，但是还算讲究，带有一丝优雅，头发梳得很整齐，举止很有礼貌，但有些做作，谈吐考究，是个虔诚的教徒。这位病人的丈夫可能是个小官或者是个小店主。然而她却脸颊绯红，低着眼告诉我，自己已经离婚，前夫只是一个普通农民。她来诊所的原因是抑郁、夜惊、心悸，且双臂紧张地颤动——轻度更年期神经官能症的典型特征。为了让我更了解她的情况，病人补充说她患有严重的焦虑梦，梦到有一些男人在追他，或者梦到野兽攻击她，等等。

她的记忆是从家庭往事开始的。（我尽可能引用病人的原话。）她的父亲人不错，气度不凡，有些发福，令人印象深刻。因为母亲很崇拜父亲，父亲的婚姻很幸福。父亲很聪明，是个技艺精湛的手艺人，有一份体面的工作。他有两个孩子，即病人和她的姐姐。她母亲最喜欢姐姐，而父亲最喜欢自己。病人 5 岁时，父亲突然因中风去世，只活了 42 岁。没有了父亲，她感到非常孤单，母亲和姐姐像对待灰姑娘一样对待她，她能明显感觉到母亲更疼爱姐姐。母亲没有再嫁，因为母亲对父亲太过于崇拜，使她不可能再婚。她像一个信徒一样保留着对父亲的记忆，并且教孩子们也像她一样。

病人的姐姐结婚比较早，而病人自己直到 24 岁才结婚。她从没喜欢过年轻小伙子，他们看起来全都索然无味。她喜欢更成熟的男人。20 岁的时候她结识了一位 40 多岁的男人，他气度不凡，非常吸引她。但是出于种种原因，他们最终分手了。24 岁时，她认识了一位带着两个孩子的鳏夫。他已经 44 岁了，和病人的父亲一样，这位鳏夫人不错，同样地气度不凡，有些发福，令人印象深刻。她嫁给了这个人，并且相当尊敬他。她没有生孩子，丈夫带来的两个孩子在一场传染病中去世了。结婚四年后，丈夫也死于中风。之后的 18 年里，她都忠贞地为他守寡，一直没有再嫁。直到 46 岁时（就在绝经前），她开始迫切地渴望爱情。她没有什么认识的人，因此她去了婚姻介绍所，直接嫁给了第一个出现的人。那是一个 60 岁左右的农民，因为暴力和变态，已经离过两次婚。病人在结婚前就知道了他是这样的人，但是仍然和他结了婚，过了五年难以忍受的生活后，也和这个人离婚了。在这之后不久，就患上了神经症。

对于有心理学[①]经验的读者，我已无需进一步解释，这个病例的情况非常明显。我只需要强调一点：在她 46 岁之前，她所做的一切都只是复刻了早年自己原生家庭的环境。更年期时她的性欲激增，这种心理更加严重，导致她更想找到一个父亲的替代者。正因如此，她后来蓬勃的性欲才被那样的人占了去。神经症揭示出，在压抑和克制之下，上了年纪的女性依然想要得到性爱[②]，却装作若无其事。

病例二

一位 34 岁的男性，身材瘦小，表现得既聪

① 指分析心理学。

② 但是不敢承认自己的性欲。

明又和善。他很容易陷入窘境，时常会脸红。他自述看病的原因是“神经紧张”。他说自己非常易怒，容易疲劳，一紧张就胃痛，经常极度抑郁，甚至有时会想到自杀。

来找我治疗之前，为了能让我做好准备，他给我寄了一份详细的自述，或者应该说是一份病史。他的故事是这样开始的：“我的父亲是一个高大壮硕的人。”这句话激起了我的好奇心，我翻到下一页，有句话写道：“在我 15 岁时，有个 19 岁的大个子把我带进树林里，猥亵了我。”

这位病人的故事中有很多的间隙，引导我去从他那里获得更加具体的记忆，于是他向我透露了以下内容：病人是三兄弟中最小的一个。他的父亲身材魁梧，一头红发，曾经在梵蒂冈的瑞士卫队当过兵，后来成了一名警察。他是一个严厉、粗暴的老兵，以军队的纪律养育自己的三个儿子，他从不叫孩子的名字，而是用吹哨来发号施令。父亲年轻的时候住在罗马，过得很快活，但是不幸染上了梅毒。这让他直到老年时还饱受折磨。他的大儿子（比病人年长许多）和父亲一模一样，也是一个魁梧壮硕的人，长着一头红发。病人的母亲体弱多病，看起来比实际年龄更加苍老。她疲惫不堪，厌倦了生活，最终在 40 岁时去世了。那时我的病人只有 8 岁，在他的脑海里始终保留着母亲温柔而漂亮的记忆。

他在学校里总是替罪羊，总是同学们嘲笑的对象。那时他认为可能是自己奇怪的方言惹的祸。后来，他跟着一个严厉刻薄的师父做学徒，那里的环境太过恶劣，其他所有的学徒都逃走了，他坚持了两年。15 岁时发生了前面提到的猥亵事件，同时还有一些不太严重的同性恋经历。接着，命运安排他去了法国，在那里他遇到了一个从南方来的男人，那人夸夸其谈，游手好闲，拉着他去了妓院。病人勉强跟着去了，结果发现自己阳痿。后来，病人去了巴黎。他的大哥也在那里，过着放荡不羁的生活。大哥是个泥瓦匠工长，像极了他们的父亲。病人在巴黎待了很长一段时间，收入很低，但是经常因为同情大嫂而去帮助她。大哥经常带着他去妓院，然而他却总是阳痿。

有一天，大哥问他，能否将他继承的 6000

法郎转给自己。病人的二哥那时也在巴黎，于是他询问二哥的意见，二哥急切地劝他千万不要把钱交出去，否则一定会被大哥挥霍一空。然而，病人还是把自己的钱全部给了大哥。结果不出所料，大哥果然以最快的速度把钱花光了。而且当初劝病人不要出钱的二哥，也拿出了 500 法郎。我震惊地问他，为什么在没有任何担保的情况下，就这么轻易地把钱给了大哥，他回答道："因为他向我要了。"病人一点都不感到后悔，如果他还有 6000 法郎，他还会再给大哥。后来，大哥走向了歧途，妻子也和他离婚了。

后来，病人返回瑞士，有一年的时间没有固定的工作，经常忍饥挨饿。这段时间里，他认识了一家人，并且经常到那户人家里去。这家的丈夫加入了一个奇怪的教派，是个伪君子，从不照管家庭。妻子已经人过中年，体弱多病，而且还怀着身孕。家里有六个孩子，生活非常贫困。病人对这位妻子产生了好感，拿出自己仅有的一点财物与她分享。她把自己遇到的麻烦告诉我的病人，说她感觉自己一定会在生产时死去。病人向她保证（虽然他自己也一无所有），说他一定会照顾好她的孩子们，把他们抚养长大。结果那位妻子确实在生产时去世了，但是孤儿院介入了，只允许病人领养一个孩子。所以他有一个孩子，但是没有结婚，也无法凭借自己的力量把孩子养大。因此，他想到了结婚。然而因为从来没有爱过一个女子，他感到极度迷惘。

那时，他时常想到，大哥已经离婚，于是他决心要娶大哥的前妻。病人写信到巴黎，把自己的打算告诉了她。她比病人年长 17 岁，然而她并没有反对。她邀请我的病人到巴黎商议，然而就在出发的前夜，也许是命运的安排，一根铁钉扎了他的脚，他只得推迟了行程。过了一段时间，伤口痊愈后，他来到巴黎，发现曾经的大嫂——现在的未婚妻实际上并没有自己想象中的漂亮，也没有想象中的年轻。然而他们还是举行了婚礼，三个月之后，在妻子的提议下他们才第一次做爱。而他自己却没什么兴致。他们一起养育那个孩子，他以瑞士的方式养育，而她要以巴黎的方式，因为她是个法国女人。孩子在 9 岁那年被一辆自行车轧死了。病人在家里黯然神伤，感到非常孤独。他向妻子提议再收养一个小女孩，妻子却因为嫉妒而勃然大怒。紧接着，我这位病人平生第一次爱上了一个年轻女孩。与此同时，因为家庭生活已然变成一座地狱，他开始患上神经症，表现为深度抑郁、神经衰弱。

我建议他和妻子分开，但是他断然拒绝了。理由是他不能因为自己就让那个老女人不高兴，他无法承担这样的后果。很明显，他宁愿继续忍受折磨，因为年轻时的记忆似乎比眼下的快乐更珍贵。

这位病人也是一样，人生一直没有走出他原生家庭的魔咒。导致这一结果的决定性因素就是病人和他父亲的关系。病人所做的每件事都表现出受虐狂－同性恋的色彩。就连他不幸的婚姻也是由父亲导致的，因为他娶了大哥的前妻，而大哥和父亲一模一样，这就相当于病人和自己的母亲结了婚。与此同时，他的妻子代替了那位死于生产的女人，而她们两位都是母亲的替代者。当力比多从婴儿时期的关系回流到正常，第一次接近个体自己设定的目标时，神经症就会表现出来。本案中的病人与上一个案例中的病人一样，家庭关系组合的作用力更强，因此病人在心理斗争中爆发了神经症。

病例三

一位36岁的农妇，智力平平，身体非常壮硕，看起来很健康。她有三个孩子，孩子们也很健康。家里经济条件不错，生活宽裕。她来看病是因为：最近几周以来她感觉很糟糕，非常焦虑。晚上睡不好觉，而且总做噩梦。白天经常感到焦虑和抑郁。据病人所述，这些症状来得莫名其妙，没有任何原因，她自己都很奇怪。丈夫说她在胡说八道，她也只得承认丈夫说得不无道理。但是她就是摆脱不了这些症状。有时她脑子里会冒出一些奇怪的想法，比如她就要死了，要下地狱。此外，病人和丈夫相处得很好。

经过详细询问，我得出以下结果：几个星期前，她偶然在家里翻出几本以前从来没看过的宗教小册子。册子上说，诅咒的人要下地狱。她就认真地记住了，而且从那以后，她想，一定要阻止别人诅咒，否则自己也会下地狱。就在她读到这本小册子前两周左右，她父亲突然因为中风去世。父亲一直和她一起生活，而父亲临终时她并不在父亲身边，等她回来时，父亲已经过世。因此她内心充满了恐惧和悲伤。

父亲去世后的第二天，我的这位病人想了很多。她很奇怪为什么父亲走得如此突然。思考之中，她突然记起父亲最后说过的话："我已经进入了恶魔的魔掌。"这一幕让她惴惴不安，她又想起父亲平时经常恶狠狠地诅咒。她开始怀疑，人死后是否真的有来世？父亲是进了天堂还是地狱？就在她思索这些问题的那段时间，她翻到了那些宗教小册子，就开始读了起来。直到读到诅咒的人会下地狱，一股深深的恐惧向她袭来。她开始责备自己——她本应该制止父亲诅咒，她应该为自己的疏忽受到惩罚。总有一天她也会死亡，而且会被判下地狱。从那时起，她就开始感到悲痛，郁郁寡欢，躲避一切欢愉，并且不断地让丈夫回答那些过分的问题。

这位病人的人生轨迹如下：她家有五个兄弟姐妹，她是最小的一个，也是父亲最宠爱的一个。每当她想要什么，只要父亲能做到的，就一定会满足她。比如她想要一条新裙子，母亲拒绝了，那么父亲在下一次进城时一定会给她带回来一件。母亲过世得很早。病人24岁时，违背父亲的意愿，嫁给了一个自己喜欢的人。父亲说不出这个人哪里不好，但就是反对他们结婚。婚礼后，她让父亲来和他们夫妻一起生活。她说，因为其他兄弟姐妹没有邀请父亲一起住，那么她自然要把父亲接来。事实上，她父亲那时是个满口脏话的老酒鬼，经常和人争吵。不难想象，病人的丈夫和岳父自然相处得很不融洽。尽管她总是顺从地去酒馆给父亲买酒。但父亲还是经常和他们争吵。她也承认，丈夫总是对的。丈夫人很好，有耐心，只是他不那么顺从父亲。她不能理解，她希望丈夫更顺从父亲。毕竟父亲终究是父亲。她在家庭争吵中也总是站在父亲一边。她并没有什么可反驳丈夫的，因为丈夫也没有错。即便如此，她也得站在父亲一边。

没过多久，病人开始觉得自己不应该违背父亲，跟这个人结婚，她觉得自己有罪。在一次连绵不断的争吵之后，她就感觉自己已经不再爱丈夫了。父亲的过世让她更无法再爱自己的丈夫，因为父亲之所以生气、诅咒，大多数时候都是因为丈夫不顺从父亲导致的。有一段时间，丈夫实在忍受不了频繁的争吵，于是就劝诱妻子给父亲另找了一个住所。父亲就在那里住了两年。这两年的时间里，夫妻二人生活得平静、愉快。但是慢慢地，她开始责备自己，觉得不应该让父亲一个人生活。不管怎样，他终究是自己的父亲。最后她不顾丈夫的反对，把父亲接回了家。原因正如她自己所说，她的心底里爱父亲胜过爱丈夫。回了家没多久，争吵又开始了。这种不和睦的状态一直持续到父亲突然去世。

讲完这些，病人表达了一连串的悲痛：一定要和丈夫离婚，她早就应该离婚，只是考虑到孩子才没有离婚。违背父亲的意愿和丈夫结婚是一个严重的错误，她感觉自己犯了大罪。她应该嫁给父亲选中的那个人，那个人肯定会顺从父亲。那样的话，一切都会正常无事。病人大声哭诉着说，丈夫远不如父亲好，她愿意和父亲一起做任何事，但不愿意和丈夫一起。现在她只想自尽，这样就能和父亲在一起了。

待病人的情绪恢复平静，我好奇地问，当初为什么没有嫁给父亲看中的那个人呢？

病人的父亲虽然是个不起眼的农民，但是也有一些积蓄。就在他最小的女儿，也就是我这位病人出生时，他雇了一个劳工。那是个坏小子，婴儿时就被人抛弃了。他长成了最不讨人喜欢的那种人：他学不会读书写字，甚至不会好好说话，是个十足的笨蛋。快成年时，他的后脖颈处长了一连串的溃疡，有些还化脓了。原本这个人就又丑又脏，这样一来看着就更吓人了。然而他的智力却没有和年龄一起增长，所以，他依然在农场里做工，拿不到多少工钱。

父亲竟然想让她最爱的小女儿嫁给这样的蠢人。

很庆幸，小女儿没有服从。然而她现在竟后

悔了，只因为那个傻瓜一定会比自己的丈夫更顺从父亲。

这里我们必须说明，这个病人，同上一个案例中的病人一样，他们并不愚蠢。她们的智力都很正常，只不过幼年时期的家庭关系影响了她们正常智力的发挥。这一点在本病例的人生故事上表现得非常明显。她从不质疑父亲的权威，就算是因为父亲酗酒、爱吵架才导致了家庭内部的争吵与不和睦，她也不觉得是父亲的错。相反，她丈夫却必须卑躬屈膝。到最后，病人竟然还后悔没让父亲完全毁了自己的终身幸福。现在，在神经症的驱使下，她甚至想要放弃自己的幸福，结束自己的生命，让自己下地狱，去追随父亲。

如果想看看控制我们精神命运的这股邪恶力量有多强，从这个病例的忧郁之中可见一斑。它在神经症患者的精神中悄无声息地制造悲剧，让病情缓慢加重，让病人痛苦不已。它在病人毫无提防的情况下，残忍地改变患者的命运。有一些病人与这股看不见的力量持续抗争，一步步挣脱了病魔的控制；而另一些人也试图摆脱它，然而最后还是被这股力量拽住，走上了神经症的绞架。不要认为这些不快乐的人一直患有神经症，或者说他们“堕落了”。当我们这些正常人来审视自己的生活时[①]，我们同样会感慨有一只强大的看不见的手在控制着我们的命运，这只手并不总是对我们有利的。[②]我们经常称之为上帝之手，或魔鬼之手。这样的说法就表示我们潜意识地，但是正确地说出了心理学领域的一个重要事实：塑造我们命运的那股力量有着很强的自主性。在人生的所有重大事件中，人们都能感觉到它的强大。所以和古人一样，我们在日常用语中也会把这种命运的力量称为上帝，或者半神，或者恶魔。

这股力量的化身首先会体现在父亲身上，因

---

① 指从心理分析的角度来看。

② “我们总以为我们自己主宰着我们的所作所为。但是当我们回顾生活，尤其考虑到我们遇到的不幸及其后果，其实我们做了什么、没做什么并不是我们自己决定的。就好像每走一步都有一股外部力量牵引着我们。莎士比亚说：

‘命运展示着它的力量，那是不属于我们的；

命运的旨意必须遵从，谁也无法改变！’”

——《个人命运的安排》(*Apparent Design in the Fate of the Individual*)，叔本华著，第26页。

此弗洛伊德认为所有“神明”的形象都根植于父亲意象（Father-imago）。我们很难说它不是从这一意象发展而来。但是如何说明父亲意象，又是另一回事了。因为父亲意象有一种十分特别的力量，它对孩子精神生活的影响非常深远，以至于我们必须自问：如此强大的力量能不能仅仅归结到一个普通人身上？显然父亲是拥有这股力量的，但是我们要问：这种力量确实属于父亲本身吗？一个人可以“拥有”很多东西，但那不是后天获得的，而是祖先遗传下来的。人生来并不是一块“白板”，只是生来具备潜意识罢了。人天生就有一个井然有序的系统，随时能够以人类特有的方式运行。这是人类在几百万年的进化过程中形成的，就好像鸟类迁徙和筑巢的本能并不是个体经过学习获得的。人类生来就带着天性——不仅带着个体的天性，还带着集体的天性。人类的这套系统适应着人类的各种境遇：青年与老年，出生与死亡，为人子女，为人父母，为人伴侣等，这些境遇自远古时代就已经存在。只有个人意识是首次经历这些境遇，而我们的身体系统和潜意识只是在本能的指引下习惯性地运行而已，而本能早在很久以前就形成了。歌德说，“在很久以前你是我的妻子或者姐妹”。这一表述说出了很多人都有过的模糊感受。

我把这种先天存在的，可以靠本能来感知的模型，或者说行为模式称为“原型”（Archetype）。这种意象并不是靠某一个体本身形成的。如果我们个体真有能力按照自己的意愿设置原型，那么我们一定会被一种责任感压垮，导致没有人敢生儿育女。然而，形成原型的力量并不掌握在我们手中，相反，我们毫无提防地被这种力量所摆布。许多人反抗这种力量导致的冲动，但同样有许多人认同这种原型，例如父权，或者蚁后。由于每个人都会不同程度地被某种特定的天性所“主宰”，人会迅速被这种天性牢牢地控制住，并且潜意识地对他人施加同样的影响。这种潜意识地认同某种原型是非常危险的：他不仅会通过暗示来主导孩子，还会让孩子也潜意识地认同这种原型。这样一来，孩子不得不屈服于来自父母的外部影响，却无法从自身内部发出反抗。

一个父亲越是认同这种原型，他就越是潜意识的、越不负责任，孩子也是一样潜意识的和不负责任，事实上他们都已经精神失常。在我们上面讨论的病例中，几乎可以说“两个人都精神失常了”。[①]

在我们提到的这个病例中，父亲都做了什么？他为什么想让女儿嫁给那个粗野的家伙？原因是显而易见的：他想让女儿留在自己身边，永远成为自己的奴隶。成千上万个所谓受人尊敬的、有教养的父母都曾这样做过。他们不仅不觉得有什么不妥，反而还自豪地认为自己更有前瞻性。本病例中的这位父亲只不过是一个极度愚蠢的、夸大的版本而已。有一些父亲，在孩子每一次出现情感独立迹象的时候就加以批评；不加掩饰地

① 在数千年的历史中，幼儿时期家庭关系的力量已经为这种信仰提供了极有说服力的素材。但这并不是说我们要将原罪归咎于父母。敏感的孩子还没有来得及在精神上反映出父母的过分行为就产生了和父母一样的情感，并将自己的命运归咎于自己的性格。然而，正如我们在上一个病例中看到的，实际情况也并非总是这样，因为父母可以潜移默化地将这种影响渗透到孩子的灵魂中（而且不幸的是，他们经常这样做），利用孩子的无知，企图让他们变为情结的奴隶。

以色情的方式抚弄女儿，镇压她们的情感；束缚着儿子，迫使他们从事某一职业，最终迫使他们进入一段“合适”的婚姻。有一些母亲用不适当的柔情去刺激尚在摇篮中的孩子，孩子长大后，把他们变成了唯唯诺诺的牵线木偶，最后出于嫉妒毁了他们的爱情。所有这些父母的所作所为本质上都和本案中那位愚蠢的农夫父亲没什么区别。他们不知道自己在做什么，他们也不知道，由于屈从于潜意识带来的冲动，他们也将这种冲动传给了孩子，把孩子变成了父母的奴隶，也变成了潜意识的奴隶。这样的孩子会长期生活在父母施加的魔咒中，甚至在父母去世后很长时间里都无法摆脱。“他们自己并不知道自己在做什么。”潜意识才是原罪。[①]

---

① 有人会问，父母将孩子绑在自己身边，甚至常常是将孩子终身束缚住，他们的魔力存在于哪里？精神分析学家认为，不是别的，正是双方的性欲。

我们总是尽力不去承认儿童的性欲。它并非不存在，只是有人在故意忽略它，而且就在不久前，这种观点又开始流行起来。

我还没有真正分析过这些案例。因此我们并不清楚在这些孩子成为牵线木偶之前，在他们的孩童时期发生过什么。弗洛伊德最近在《年鉴》（*Jahrbuch*）半年刊上发表了一篇《对一名

病例四

一个 8 岁的儿童，聪明伶俐，外表讲究，因为遗尿症被母亲带到我这里来。在问诊的过程中，小男孩始终紧紧依偎着母亲。母亲年轻漂亮，婚姻也很幸福。不过孩子的父亲很严厉，男孩（家里的长子）很害怕父亲。母亲就用温柔慈爱对孩子进行补偿。因此孩子就一直围着母亲，从不和同学一起玩，除了上学，从来不自己一个人上街。他害怕其他男孩子的粗野和暴力，总是在家里玩

五岁男孩的恐惧症的分析》（*Analysis of a Phobia in a Five-year-old Boy*），研究了尚处于儿童时期的心灵问题，给出了深刻的见解。这正是我们还未曾开展的研究。在弗洛伊德的大师级论述之后，如果说我要尝试在儿童精神领域做出一些微薄的贡献，那是因为对病史进行精神分析对我来讲总是十分有价值的。

以下是从 1907 年的阿姆斯特丹大会（即第一届阿姆斯特丹精神病学与神经学大会）中所见。一位知名的法国学者断定，弗洛伊德的理论纯粹是“一个笑话”。这位绅士显然既没有看过弗洛伊德近期的作品，也没有看过我的。他对这一问题知之甚少。他的论断似乎论据充分，一位著名德国教授在本次大会所做的报告中也认可了他的观点。也是在这次大会上，一位知名德国精神病学家发表了以下论断，让自己名垂青史：“如果根据弗洛伊德的观点，癔症真是来源于被压抑的情感，那么整个德国军队必定都患有癔症。”

一些动脑的游戏，或者帮母亲做家务。男孩极其嫉妒自己的父亲，当父亲对母亲表现得温柔时，他总是无法忍受。

我把男孩带到一边，询问他做梦的情况。他常常梦到“一条黑色的蛇，想要咬他的脸”。梦到这种情形，男孩就大哭起来，然后母亲就从隔壁房间过来，坐在他的床边陪着他。

晚上，他安静地上床睡觉。睡着后，他感觉到“有一个佩剑或带枪的邪恶黑人躺在他的床上，那个人又瘦又高，想要杀死他”。父母在隔壁房间睡觉，而孩子总是梦到那个房间里正在发生一些可怕的事情，就好像那里有“许多大黑蛇，或者有坏人想要杀了妈妈”。梦到这里他就会大哭，于是妈妈就会过来安慰他。每次尿了床，他就会喊妈妈，妈妈会帮他换新的床单。

父亲是一个又高又瘦的男人。每天早晨他都赤身裸体地站在洗漱台前，彻底地清洁身体。这一切男孩都尽收眼底。小男孩还说，他半夜经常被父母房间里奇怪的噪音惊醒。小男孩特别害怕隔壁房间里发生了什么恐怖的事情，或者某种争斗。然而母亲总是过来安慰他，说什么事情都没有。

我们很容易猜到隔壁房间里发生了什么，也知道孩子的目的其实就是把母亲叫来。他嫉妒父亲，想把母亲和父亲分开。白天，当他看到父亲爱抚母亲时，他也会呼唤母亲。至此，男孩只是把父亲当作竞争对手，认为父亲在抢夺母亲的爱。

我们还要注意到，蛇和坏人也在恐吓着男孩。在他经历这种梦境的同时，母亲在隔壁房间也在经历同样的事。他甚至将自己和母亲等同起来，认为自己和父亲的关系类似于母亲和父亲的关系。这是因为同性恋的因素，让他感觉到自己对于父亲而言扮演女性角色。在这个病例中，尿床是性爱的替代品。睡梦中想要尿尿的紧张感其实是在表达其他原因导致的紧张，比如恐惧、期待、被压抑的激动，表达存在于潜意识中的内容等。在这个病例中，性爱的替代品具有重大意义，代表着男孩的男性特征早熟，以弥补他的自卑。

虽然在这里我不打算从这两点的关联进入梦的心理学研究，但是这里我们不能略过不提男孩梦里出现的黑蛇和黑人。这两个形象吓到了做梦的男孩，也威胁到了母亲。“黑色”暗示着黑暗的东西，也就是潜意识。这个梦境表明潜意识威胁到了母亲和孩子的关系。构成威胁的是神话主题中的“父亲动物”，换句话说就是父亲似乎对他构成了威胁。这和男孩内心的倾向是相符的：他想要保持潜意识状态、停留在幼儿时期，但这是极其危险的。而父亲是他预期中自己的男子气概，这与他想要停留在幼儿时期的愿望是冲突的。蛇攻击男孩的脸，也就是用于“看”的部位，代表着对意识的危害（失明）。①

这个小例子向我们展示了 8 岁儿童的精神生活是什么样的。这个小男孩太过依赖父母，其中一部分原因可以归结为父亲过于严厉，而母亲过于温柔。在本案例中，男孩亲近母亲，害怕父亲都属于幼儿神经症。这同时也代表了人类最初的

---

① 从弗洛伊德的观点出发，不难看出这个孩子尿床的意义。他排尿的梦境给了我们一些暗示。在我的论文《梦的分析》中有关于此类内容的分析，推荐读者阅读。尿床必须被视为性在幼儿时期的替代物。即使在成年人的梦中，尿床也很容易被用于掩盖性欲。

情形：原始的意识紧紧地依附于潜意识，但是本能冲动却要将意识强行赶走，让意识脱离潜意识。人类对个体经历背后的原始情形有着模糊的感觉，因此人们总是试图利用具有普遍通用性的图像来表达这种感觉，例如神圣的英雄与母龙大战。母龙的目的是让人类摆脱黑暗的力量。神话中有一种“拯救”，即治疗的重要意义，它充分表述了推动个体内部纠缠的动力。这种神话故事不能随意解读为某一个人“恋父情结”的后果，而是应该以目的论的观点来理解，将其理解为潜意识本身在拯救意识，防止意识退缩。“拯救”的观点并不是将恋父情结合理化，而是在原型基础上形成的意识发展的动力。①

① 显然，幼儿时期的态度正是幼儿的性欲。如果我们调查一下幼儿关系中影响深远的各种可能性，我就不得不说，本质上我们的命运是与性欲的趋向相一致的。弗洛伊德和他的追随者将探寻性欲作为最重要的事业，全心全意地进行研究，必定不是为了激起感官的刺激，而是为了更深入地了解决定人类命运的驱动力。在这方面我们无需提及过多，只是需要了解这个病例。当我们揭开掩盖个体命运问题的神秘面纱，我们的视野立即就从个体的历史扩大到了各个民族的历史。首先我们可以看看宗教的历史，看看整个人类在不同时期的幻想体系。《旧

我们在世界历史舞台上看到的，也在个体身上上演着。儿童被家长的力量引导，如同被更高一层的命运引导。随着他逐渐长大，幼儿时期的态度开始与逐渐增强的意识产生冲突。家长的影响早在婴儿时期就有了，而这时它逐渐退缩，沉入潜意识之中。但家长的影响并没有完全消失。逐渐成熟的心智看似在独立运作，但是家长的影响通过一条看不见的线指挥着孩子。与其他沉入潜意识的内容一样，幼儿时期的情形仍然会给我们的意识注入一些微弱的、预兆性的感觉。这种

约》中，人们将耶和视为犹太人的家长，人们必须带着敬畏之心去服从他。家长是通向神明的垫脚石。犹太教中神经质的恐惧，处于野蛮落后时期的犹太人试图升华却没有取得成功，导致摩西戒律过于严苛，成为了神经质的强迫性仪式。只有先知能从这种恐惧中解脱出来。他们完全认同耶和华，他们的升华是成功的。先知们成了众人之父。基督将先知的预言兑现，结束了人们对神明的恐惧。他教导人们，人与神的真正关系应该是爱。因此他摧毁了摩西定律的强迫性仪式，而且他本人也保持着对神明的爱。后来，基督教众多教徒也无法完成升华，致使人们又开始了教堂的仪式。只有那些圣人和改革者能从这种仪式中解脱出来。现代神学提出“内在”或者“个人”经验的解放作用，是不无道理的。因为爱的热忱总能把恐惧和强迫转化成一种更高、更自由的感受。

感觉像是秘密地被一种超尘世的力量引导着。一般来说不是儿时那种被父亲引导的感觉，而是被一种或正面、或负面的神明引导的感觉。出现这种变化，一方面是教育的影响，另一方面是自发的变化。这种现象很普遍。同时，它以本能的力量抵抗意识的批判。正因如此，灵魂（阿尼玛，Anima）被恰当地描述为具有宗教性质。之所以这样发展，也只能这样发展，是因为儿童身上已有祖先遗传下来的系统，它早已知道父母的存在以及父母对自己产生影响。换句话说，在父亲形象的背后是父亲的原型。父亲的原型先天就存在于我们的精神中，父亲力量的秘密就蕴藏在原型之中，正如驱使鸟类迁徙的力量并不是鸟儿自身产生的，而是从祖先那里传下来的。

读者不难发现，本病例中父亲意象所承担的角色非常模糊。他所代表的威胁有两方面：一方面，害怕父亲可能会让孩子不再亲近母亲，但是另一方面这种恐惧也有可能让孩子更依赖母亲。于是就出现了一个典型的神经症的情形：既想要又不想要；肯定的同时又否定。

父亲意象的两面性是父亲原型普遍的特征：它能对意识产生截然相反的影响，就好像神对约伯的行为一样模糊。如圣经《约伯记》（*The Book of Job*）中所述，人只得自食其果。我们不能确定地说原型总是如此行事，因为我们也经历过截然相反的情形。但相反的情形并不经常出现。[①]

父亲意象的行为模糊不清，一个最广为人知且具有教育意义的例子就是圣经《多比书》（*Book of Tobit*）[②]中关于爱的章节。艾克巴塔纳（Ecbatana）的拉古尔（Raguel）有一个女儿萨拉（Sara），她想要结婚。但是命运邪恶，她接连结婚七次，结果每一个新郎皆死于新婚之夜。这是

---

① 这些是第一次宗教升华的根源。父亲身上汇集了诸多的缺点和优点，代替父亲出现的一方面是崇高的神，另一方面则是恶魔。在现代社会，因为人们意识到了自己的道德责任，因此恶魔的形象已经大大减弱。我们将崇高的爱归因于神明，而将低俗的性欲归因于恶魔。一旦我们进入神经症领域，二者的对立就被放大到极限。神成了完全压抑性欲的象征，而恶魔成为了纵欲的象征。任何一种潜意识的情结进入意识后，都会有其两面性。父亲的各种意象进入我们的意识时也是一样，有其积极的一面，也有消极的一面。

② 节选自章节 3:7 及 8:1 。

恶魔阿斯蒙蒂斯（Asmodeus）在作怪。它迫害萨拉，杀死了每一个新郎。萨拉向神祈祷，请求神让自己死去，她不想再背负亡夫之耻。现在连父亲的女仆都开始嫌弃自己了。第八个新郎是她的表兄，多比（Tobit）之子多俾亚（Tobias）。多俾亚是神派来的，他也被领到了新娘的内室。于是老拉古尔晚上假装上床睡觉，实则出来特意给女婿挖了坟墓。第二天早上，他派女仆到新娘房间查看新郎是否已死。然而这次，阿斯蒙蒂斯的把戏失灵了，多俾亚还活着。

这个故事展示了拉古尔的两个角色，一个是伤心的父亲，另一方面是新郎的掘墓人。从人性的角度来看，他似乎无可指责，很可能他也确实无可指责。这里还有一个恶魔阿斯蒙蒂斯，我们需要解释它的存在。即便我们怀疑老拉古尔本人扮演着双重角色，我们也只能暗示他在感情上有一些恶意。但是这些邪恶的行为超越了父亲的恋女情结，也超越了萨拉的恋父情结。正因如此，神话中将新郎之死归为恶魔所为。阿斯蒙蒂斯扮演的角色是一个嫉妒的父亲，他不想让自己深爱的女儿嫁给别人。只有在他记起自己还有正面意义时才显出宽容，最终给了萨拉一个如意郎君。具有重大意义的是，他是第八个，是最后也是最高的阶段。[①]阿斯蒙蒂斯代表着父亲原型中的负面形象，因为原型既有人类个体天才的一面，也有半神的一面。“人类天性之神面容多变，时白时黑。”[②]神话故事中的解释在心理学上是正确的：它并没有把超出常人的邪恶加在拉古尔身上，而是区分出了凡人和恶魔。正如心理学必须将人类个体是什么、能做什么与先天的、本能的系统区分开来。先天的系统不是个体创造出来的，而是原本就存在于个体的精神中。如果我们认为拉古尔应该对先天系统，也就是原型所产生的致命力量负责，那么对于拉古尔来说就是极大的不公正了。

原型的潜在可能性，无论是善是恶，都比人类的能力高数倍。如果人类想要窃取这种能力，那只能认同这个半神，让它依附在自己身上，并

① 参见玛丽亚格言及《心理学与炼金术》(*Psychology and Alchemy*)，第201段及209段对4、7、8的讨论。

② 贺拉斯《书札》第二卷，2，第187—189部分。

会因此而丧失人性。恋父情结的致命力量正是来自于原型。这也是为什么民意认同将神灵或精灵的形象置于父亲身上。个体的父亲必然体现了原型的特征，原型通过父亲施展了魔力。原型将父亲的影响力无限放大，让父亲的形象符合遗传模式。[①]

---

① 出于医学规定，我不能向读者讲述一个歇斯底里症患者的情况。那位病人和上述神话故事中的模式如出一辙，除了不是七个丈夫，而是三个，全部都表现出幼儿时期的家庭关系不妙。我们的第一位病例也属于这一类别，在我们的第三个病例中，老农民也准备把自己的女儿送入这种命运中。

作为一个虔诚又孝顺的女儿（参见《多比书》中第三章她的祈祷），萨拉按照惯常的方式完成了升华，也将恋父情结进行了分割：一方面，她将婴儿时期的爱升华为对神的崇拜，另一方面将附着在父亲身上的强迫性力量转移到害人的恶魔阿斯蒙蒂斯身上。这个故事构思非常精美，展现了父亲拉古尔的双重角色——一个是悲痛的父亲，另一个是预知了女婿命运的掘墓人。

这一精巧的故事已经成为了我的分析作品中的经典案例，因为我们经常遇到一些案例，其中父亲身上恶魔的一面对女儿施加了不良影响，以至于女儿终其一生，就算结了婚，都没有达成精神的内在统一，因为幼儿时期的父亲的理想形象始终在潜意识中持续地存在，丈夫的形象永远无法超越父亲的形象。不仅对于女儿，对于儿子也同样如此。关于这种类型的父亲形象组合，可以在布里尔（Brill）近期发表的《早发性痴呆症的心理因素》（*Psychological Factors in Dementia Praecox*）

(1908)中找到典型的案例。

在我的经验中，通常总是父亲在儿童的幻想中扮演果断却又危险的对象。即使有时母亲扮演了这个角色，我也能在她背后看到外祖父的影子，而母亲在内心之中是属于外祖父的。

我必须把这个问题留作开放性问题，因为我的研究还不足以得出一个结论。在这一深邃晦暗的领域，我的研究仅仅投射出了一丝转瞬即逝的亮光。希望未来我们能有更多的经验，深入到灵魂的居所，去探究命运是如何形成的。对此，贺拉斯的诗中说道：

“(为什么竟会如此)只有守护神才知道——统治着我们出生的星球的伙伴，人类天性的神明，虽是凡身却陪伴每个生命，经常改变着自己的面容，时怒时喜。”

第三篇

一个学生的爱情问题

我将通过论文[①]的形式与您讨论关于学生时期的爱情问题。我向您保证，这个任务一点都不轻松。这样的讨论非同寻常，如果带着认真的精神和适当的责任感来对待的话，是很有难度的。

无论什么年龄阶段，爱永远是一个问题。对于孩子，父母的爱是个问题；对于老年人，问题在于他从爱中得到了什么。爱是一种命运的力量，它的能量广布于天地之间。我认为，如果我们想要公正客观地看待爱所包含的问题，我们必须这样理解爱。爱所包含的问题包罗万象，十分复杂。这些问题不局限于某一领域，而是涉及人生的每一个方面，包括道德层面、社会层面、心理层面、哲学层面、美学层面、宗教层面、医学层面、法律层面以及生理学层面。这也仅仅是其中的一小部分。爱渗透于集体生活的方方面面，使得研究

① 本篇选取自一次对苏黎世大学学生所作的演讲，演讲时间可能为 1922 年 12 月。

已经困难重重，然而与爱具有强烈的个人化属性相比起来，这点困难就是小巫见大巫了。因为个人化就意味着一切通用的标准和规则都失去了效力。就像宗教，虽然在历史长河中不断完善其教义，然而宗教信仰本质上永远是一种个人经历，不会屈从于传统的规则。

“爱”一词本身就对我们的讨论构成了一道阻碍。的确，有什么东西不被称作“爱”呢！从基督教最高的奥秘开始，我们会遇到奥里根(Origen)的“对上帝的爱”（amor Dei），到斯宾诺莎（Spinoza）的“对上帝理智的爱”（amor intellectualis Dei），再到柏拉图的“对理想的爱”以及神秘主义者的“对神的爱”（Gottesminne）。歌德的一段文字引导我们走向对人类的爱：

> 现在让野性的本能沉睡，
> 让本能施展的暴力沉睡；
> 当人类之爱在内心深处涌现，
> 上帝之爱也在涌现。

基督教以及佛教都教导人们有悲悯同情之心，我们发现了对邻居的爱。我们在社会服务中，也表现出了对人类的爱。我们还有对国家的爱，对理想的团体——例如教会的爱。随后还有父母的爱，尤其是母亲的爱，以及子女的爱。当我们谈论到夫妻之爱时，我们离开了精神领域，进入了精神和本能的中间地带。爱神的纯净火焰点燃了性欲之火，于是在理想形式的爱——即对父母、国家以及邻居的爱中掺杂了对个人权力、占有欲及统治欲的强烈渴望。然而这并不意味着与本能相关的一切都贬低了爱。相反，爱越吸收本能的力量，就越美好、越真实、越强大。只有当本能占了主导地位时，人才会表现出动物性。夫妻之爱可以如歌德在《浮士德》中所描绘的那样：

精神吸引了基本物质，
铸造出最坚实的纽带，
没有人能够解开，
天使亦不能打碎；
两个天性合为一体，

内部统一，
只有永恒之爱，
才能将其分开。

但是夫妻之爱并不都是如此。尼采曾说：“两个动物偶然发现了彼此。”情侣之间的爱，也是不一样的。即使没有神圣的婚姻，没有约定相伴一生，这样的爱也会被命运的力量或者爱本身的悲剧本质所改观。但是这种爱通常是被本能所主导，闪烁着幽暗微弱的火苗。

然而以上这些并没有说尽爱的全部定义。“爱”这个词可以指各个层面的性行为，从正式婚姻、同居，到男性因为生理需求而召妓，以及一些人自愿或被迫从事性爱这种行当。

我们也说“男孩的爱”，用来指同性恋。自古典时代以来，同性恋就不再是有教育意义的社会习俗。到了现在，同性恋的境遇非常悲惨。同性恋成了所谓的性变态，一种应受惩罚的罪行。至少就男性同性恋而言是这样的。然而女性同性恋有所不同，在盎格鲁－撒克逊国家里，女性同性恋似乎比萨福的抒情诗里写得更美好。因为女性同性恋在一定程度上刺激了女性参与社会和政治组织，就如同男性同性恋推动了希腊城邦的兴起一样。

最后，我们还要继续延伸“爱”这个词的含义，以便涵盖所有性反常的情形，包括乱伦、自慰形式的自恋等。“爱”一词还包含了所有令人厌恶的病态性行为，甚至还包括那些足以让人退化到动物或者机器层面的贪欲。

至此，我们陷入了一个非常尴尬的境地：我们开启了一个关于概念的讨论，这一概念的边界十分模糊，包含的内容无限广阔。可能有人希望我们至少在本次讨论中，暂且将爱的概念作一限定，仅讨论年轻学生如何处理性的问题。事实上这是无法做到的，因为只要涉及到学生的爱的问题，前文提到的有关“爱”的全部含义都会不由自主地卷进来。

但是，我们可以只讨论在给定的条件下，“正常人”一般会作出什么样的反应。虽然“正常人”这个概念根本不存在，但我们发现即使最不相同的个体之间，也是有很多相似之处的，因此我们可以讨论普遍性的问题。同往常一样，解决问题的实际办法依赖两个因素：一是个体的需求与能力，二是环境条件。

作为演讲者，我有责任对我们所讨论的内容作一个基本概述。正常情况下，作为一个医生，只有当我能够对事情原本的情况进行客观描述时，才能够作出这样的一般性概述，而不是忸怩地、虚伪地用一些陈词滥调进行说教。更重要的是，我并不会告诉你应该如何做，这项工作要让那些总是知道什么对他人更有帮助的人去做。

我们讨论的主题是“一个学生的爱情问题”。这里的“爱情问题”指的是两性之间的关系，而不是学生的“性爱问题”。这就有效地限定了我们这一主题的范围，我们将性的问题限定在由爱产生的问题之内，或者说是情侣关系的问题之内。如此我们就可以排除一切与爱无关的性现象，例如性反常（但不排除同性恋）、自慰、召妓等。之所以不能排除同性恋，是因为同性恋通常与两性关系具有相关性；排除召妓行为是因为通常这两人并没有爱情关系，虽然也有例外。

众所周知，爱的问题通常是靠婚姻来解决的。但是经验表明，这一普遍适用的做法并不适合学生群体。最直接的原因是学生无法安置房子。更深层的原因是，大部分学生年龄尚小，他们还没有完成学业，同时有一些学生向往自由，不停地迁徙，因此他们无法满足婚姻所需的社会稳定性。还有一些其他的因素，例如心理不成熟；还像个孩子似的恋家；缺乏爱的能力及责任感；缺乏生活经验和处世经验；抱有年轻人的种种幻想；等等。还有一个不可低估的原因，那就是女学生睿智地保持含蓄。这些女孩子的第一目标是完成学业，找一份工作。因此，她们放弃了结婚，尤其不会和另一个学生结婚。只要对方还是个学生，他就不是一个理想的伴侣，原因也同样是前文提到的几点。学生很少结婚，还有一个重要的原因，那就是孩子的问题。通常，女孩结婚后都想要一个孩子，而男人可以结婚后很久都不要孩子。没有孩子的婚姻对女性没什么吸引力，她宁可先不结婚。

近些年来，学生结婚的现象确实比以前更常见了。一部分原因是现代观念下的心理变化，还有一部分原因是避孕工具的广泛使用。最近几十年来人们的精神状态发生剧变，导致了心理上的变化，致使学生结婚的现象有所增加。精神剧变产生的重大影响我们至今还没有一个完整的图景。只能说，由于科学知识的传播，人们的思维方式更加科学，爱的问题这一概念本身发生了改变。人类自称为神圣的高等动物，是智人，但人类也是自然界的一部分。科学的客观性拉近了这两者之间的联系，让人类接受了其在自然秩序中应有的地位。爱这一概念的改变既包括情感方面，也包括知识方面。新的观点直接影响了个体的感受，让人从超越自然思想体系的禁锢中解脱出来，也从典型的中世纪世界观的道德体系中解脱出来。超越自然规则而设的禁忌不再盛行，根植于那个时代超自然的宗教教义基础上的道德评判标准已失去了力量。在传统的道德体系中，每个人都清楚地知道为什么结婚是“正确的”，而其他形式的爱都是可憎的。但是当我们跳出这一道德体系，来到自然界的角斗场中，人类曾认为自己是动物界大家庭中最有天赋的一员，但现在我们需要重新定位自己在自然界中的位置了。旧标准和价值观的瓦解，首先会带来道德的混乱。人们开始质疑现有的标准，开始讨论长久以来隐藏在道德偏见背后的东西。他们大胆地调查真实的东西，一种不可抗拒的力量让他们思考以往的经验，让他们开始学习和理解。科学的眼睛是雪亮的，它无所畏惧地盯着道德规则中黑暗和肮脏的角落。当今的人们不满足于传统道德的是非判断，人们要知道原因。人们的探索带来了新价值标准的创立。

其中之一是从卫生健康的角度对爱进行评估。通过对性问题更坦率、更客观的讨论，越来越多的人了解了性病的巨大危险。保持健康的需要取代了人们对旧道德的恐惧与愧疚。但是人们在道德方面对卫生健康的认识，还没有发展到相应的地步。公众还不能接受在城市中对性病患者与其他传染病患者采取同等的措施。人们依然认为感染性病不同于感染天花或者霍乱，性病是“不体面”的。人们不能接受这样的人在自己家里。毫无疑问，等到更开明的时代，这种明显的差异对待一定会被人嘲笑。

人们对性问题的广泛讨论，使性在精神上各个方面的重大意义都被引入了社会意识的前沿。最近25年来备受争议的精神分析运动对此作出了重大贡献。今天，拙劣的玩笑，道德上的愤慨都不能磨灭性在心理学上的重要意义。人们开始将性问题置于人性这个大问题的背景之下，开始用应有的严肃认真的态度讨论性的问题。这自然就带来了一个结果：以前人们认为毫无争议的问题，现在都有人提出怀疑。例如，是否只有合法的性行为才符合公序良俗，其他形式的性行为都是值得批判的？无论是支持还是反对的立场，道德的尖刻都逐渐消退，这种讨论更多的是出于实践的立场。最终我们发现，合法的性行为不等同于道德上的优越。

除此之外，婚姻问题通常有着阴郁的背景，这种问题成了浪漫文学的主题。旧式的浪漫通常是以喜悦的订婚或者结婚来结尾，而现代小说通常是以婚后生活开头的。在这些广为人知的现代小说中，作者对亲密问题缺乏一些缄默，这令人非常痛苦，更不用说还有大量的色情作品也或多或少地包含这些内容。有一本通俗科学作品——弗瑞尔（Forel）的《性的问题》（*The Sexual Question*），不仅销量大，还吸引了很多模仿者。在科学作品中已经出现了一些汇编文集，这些文集涉及的内容范围广泛，存疑的内容众多，已经超越了克拉夫特·埃宾（Krafft-Ebing）的《性精神病态》（*Psychopathia Sexualis*）中的内容。这在三四十年前是不可想象的事情。

这些广泛传播、广为人知的现象，是一种时代的信号。与过去20年相比，当今的年轻人可以更早地掌握性问题的全部重要意义。有人认为，过早地关注性行为并不健康，他们认为这是城市衰退的信号。我记得15年前，我在奥斯特瓦尔德（Ostwald）所著的《自然哲学年鉴》（*Annalen der Naturphilosophie*）中读到一篇文章，原文是这样写的："爱斯基摩人、瑞士人等原始人类没有性的问题。"我几乎不用思考就知道原始人为何没有性问题。因为除了吃饱，他们没有任何可担心的。“问题”是文明人才会有的。在瑞士，我们没有什么大城市，但是性的问题却是存在的。我并不认为讨论性的问题有什么不健康，也并不认为这是衰退的征兆。我认为性的问题应该说是我们这个时代心理学大变革的表现。在我看来，性的问题对于人的健康和幸福有着重大意义，我们对这一问题的讨论越严肃、越透彻，对我们就越有好处。

毫无疑问，人们对这一问题的强烈兴趣导致了迄今为止仍不明确的学生结婚的现象。由于缺乏足够的数据，我们还很难对这种新兴的现象给予评价。以往也曾有过大量早婚的情况，也有很多看起来缺乏社会稳定性的婚姻。因此，学生结婚这件事本身是完全合理的，然而孩子就是另一个问题了。如果双方都还是学生，那么很明显，他们肯定不会要孩子。然而，刻意不要孩子的婚姻总是成问题的。孩子是夫妻双方最好的黏合剂。在很多情况下，也正是父母对孩子的关心，才让他们深刻感受到，彼此的陪伴对婚姻的稳定至关重要。在没有孩子的家庭，夫妻双方只能互相关心对方。理论上这原本是一件好事，但是很不幸，在实际情况下，这种互相关心并不总是令人愉快的。夫妻双方都会因为一点不满而抱怨对方。在这种情况下，可能最好的办法是妻子还在学习，否则她会感到缺乏目标。许多女性无法忍受没有孩子的婚姻，最后自己也变成了让人无法忍受的人。如果她还在学习中，那么至少她在家庭之外还有自己的生活，能让自己满足。如果一个女性执意想要孩子，认为孩子比丈夫更加重要，那么她就要慎重考虑是否要在学生时期踏入婚姻。她必须要意识到，想要为人母的强烈冲动往往在结婚之后会变得非常迫切。

至于在学生时期结婚是不是太早，我们必须注意到一个事实：那就是 20 岁的女孩往往比 25 岁的男孩还要成熟，至少从判断力来说确实如此。这一事实对所有早结婚的人们都适用。对于许多 25 岁的男性来说，心理上的青春期尚未结束。青春期通常充满幻想，并没有太强的责任感。产生男女之间这种心理差异的原因在于，男孩直到性成熟之前，通常都非常幼稚；而女孩伴随着青春期的发育，心理逐渐发生着微妙的变化。对男孩来说，性欲会以巨大的力量冲破他的幼稚；而对于女孩来说，性欲在青春期时仍在沉睡，直到有了爱的激情才能将它唤醒。有相当多的女性，虽然已经结婚，但是她们真正的性欲可能很多年都没有萌发，直到她们爱上另一个男人，她们才意识到这个问题。这也是为什么相当多的女性完全不了解男性的性欲——因为她们都还未意识到自己的性欲。对于男性来讲，情况就大不相同了。性欲的爆发如暴风骤雨一般，让他们充斥着强大的欲望和需求。几乎没有人能够逃过痛苦的自慰问题。然而一个女孩可以自慰多年，完全没有意识到自己在做什么。

性欲的爆发让男孩的心理产生了巨大的变化。他已经拥有了成熟男性的性能力，然而他的灵魂依然是个孩子。大量的淫秽幻想、同学之间猥琐的话语如同洪水一般冲击而来，凶猛地侵袭着孩子般敏感细腻的感受，有时甚至让他们感觉永久的窒息。这些与道德观念产生了冲突，各种各样的诱惑等待着他，不知不觉地进入他的幻想。

性情结（Sexual complex）的心理同化带来了巨大的困难，虽然他可能还不曾意识到它的存在。青春期的到来也让男孩的新陈代谢发生了巨大的变化，这一点从青少年经常发生的青春痘和痤疮就可以看得出来。与此相同，青春期也打破了男孩精神上的平衡。这个年龄的年轻人经常充满了幻想，这通常是精神失衡的表现，使他无法作出成熟、稳定的判断。他的品味、兴趣、计划时常发生改变。他可能突然疯狂地爱上一个女孩，然而过了两周，又无法想象自己为什么会做出这种事。他总是充满幻想，他甚至需要通过试错来意识到自己的品味和判断力。他的人生还在实验，他也必须实验，只有这样才能学会如何作出正确的判断。因此，大部分男性在结婚之前，都有过某种形式的性经历。在青春期，通常是同性恋的经历，而且这种经历通常会超出可接受的范围。异性恋经历则发生得较晚，而且并不总是非常美好。整体人格对性情结的同化越少，性情结就越独立，越是出于本能。那样，性行为就只是动物性的行为，并没有心理特征。即使是地位卑微的女性，只要她有典型的第二性征，也能满足男性的需求。男性如果走错这一步，我们也不能判定这个男人的性格问题。因为这种行为发生时，他的性情结可能是不受精神控制的。然而，如果这种行为发生太多次，就会影响人格的形成。出于习惯的力量，他的性行为将始终低于道德水准，而无法被社会接受。这就会导致这个人虽然表面上是一个值得尊敬的公民，但是他的内心一直充满低级的性幻想。或者，他也有可能会压抑这种幻想，直到某个时刻，这些幻想会突然以一种原始的形式爆发出来。假如他的妻子发现了这些行为，她可能会毫无心理准备，因此会感到十分震惊。随之而来的，是他过早开始冷漠地对待妻子。女性可能从结婚第一天起就十分冷淡，因为她的感情没有和丈夫的性欲相呼应。而男性在心理青春期时的心理判断力较弱，如果过早选择妻子，那么就必须深思熟虑。

现在让我们来看看两性之间在学生期间还有什么合适的关系。如您所知，他们之间还有一些有特色的联系，尤其是在其他国家较好的大学里。

这些关系有时候相当稳定，甚至是有心理价值的，因为他们之间的关系不仅包含性，一定程度上还包含了爱。少数人还会一直走向婚姻。因此，他们这种关系远远高于卖淫行为。但是，通常这种情况仅限于对父母的选择保持谨慎的学生。这种关系通常和金钱有关，因为很多女孩在经济上会依赖情人。对很多女孩来说，这段关系会成为她生命中非常美好的一段记忆。如果没有情人，她可能会过得穷困而且空虚。对于男性，这很可能是他第一次与女性的亲密接触，在以后的人生中，他总会带着强烈的感情来回忆这段时光。通常，这些暧昧关系其实没有什么价值，部分原因是男人的性欲过于粗暴，缺乏体贴和关心；另外部分原因是女性过于轻佻和善变。

所有这些关系之上都悬着一把达摩克利斯之剑——这短暂的关系随时有可能结束，因此在他们的关系中很难形成真正的心理价值。这种关系只是生命中短暂的插曲，是没有什么价值的实验。这对人格是非常有害的，原因在于，男性很容易就能得到这些女孩，爱的对象的意义因此而被低估了。他们很容易以一种简单而不负责任的方式处理性的问题。他们被宠坏了。更重要的是，性的满足感使他们失去了年轻人不可或缺的那股动力。他们变得倦怠，凡事可以等待。同时，他们可以平静地看待身边众多的娇柔女子，直到合适的人出现。等到结婚，便将之前的交往对象抛之脑后。整个过程对他的性格发展没有任何益处。低水平的交往关系往往导致性功能的发展也处于较低的水平，很容易导致婚后遇到各种困难。如果他们的性幻想遭到压抑，则很容易出现神经症。更糟糕的情况下，他们可能会变成道德狂热分子。

在学生交往关系中，无论男性还是女性，同性恋绝非罕见。在有些国家的学校中，男生和女生是严格分开的。根据我对这一现象的判断，那些国家的同性恋现象比我们这里，以及欧洲整体上更为普遍。这里我并不是指那些不能正常交友、很少能得到正常人同情的病态同性恋患者，而是指基本正常的年轻人，他们多多少少地享受着这种狂热的友谊，并且也通过性的形式表现这种感情。对他们而言，同性恋之间的关系不仅仅是年轻学生日常生活中非常普遍的相互自慰，他们还有更高的精神追求，可以称之为传统意义上的“友谊”。当这种友谊存在于年长者和年轻人之间时，它的教育意义是不可否认的。举例而言，一位略有同性恋倾向的年轻教师总是将自己的教育天赋归因于自己的同性恋倾向。因而年长者和年轻人之间的同性恋通常对双方都有裨益，并且具有长久的价值。这种关系之所以存在价值，一个不可或缺的前提条件就是双方都毫不动摇地保持这种关系，还要保持专一。然而这一前提条件很难达到。一个男性的同性恋倾向越深，他就越不容易专一，越有可能诱惑其他男孩。即使他们保持了专一，建立了真正的友谊，其结果可能也不利于人格的发展。这样的友谊自然而然会带有特殊的感觉，使男人带有某些女性化的特征。男人会变得做作、深情、爱美、过分敏感等。总结起来就是变得女人气了。这样女人气的行为举止对他的性格没有好处。

女性之间的同性恋也有类似的优势和劣势。只不过对于女性，双方的年龄差异和教育意义并不明显。这种关系的主要价值，一方面在于互相给予温柔的情感，另一方面在于交流亲密的想法。通常她们富有活力，充满智慧。她们是富有阳刚气的女性，想要寻求自己的优越感，防御男性。她们对男性的态度是令人不安的自我肯定，带着一丝蔑视。这会增强她们性格中的男性色彩，削弱她们的女性魅力。男性通常在这些冷冰冰的女性身上碰壁时，才会发现自己的同性恋倾向。

通常，同性恋的行为通常并不妨碍以后的异性恋生活。实际上，同性恋和异性恋可以在一个人身上同时存在。我认识一位非常睿智的女性，长期以来一直是同性恋，直到 50 岁时，才和男性交往，过上了正常的生活。

在学生阶段的各种性关系中，我们还要再提到一种关系。这种关系虽然有些特别，但也很常见，那就是年轻的男性依附于年长的女性，很可能是已婚的，或者孀居的女性。这可能会让你想到让－雅克·卢梭（Jean Jaque Rousseau）与华伦夫人（Mme de Warens）的关系，这也正是我想要说明的类型。这类关系中的男性通常较为腼腆、不自信，有些内向胆小，有时候有些幼稚。他自然而然地想要找一个母亲的角色，可能是因为从小在家里享受了太多的宠爱，也可能是太缺乏爱。许多女人最喜欢这样无助的男人，尤其是当她明显比这个男人年长的时候。她不喜欢男人的强壮、美德，或者优点，她只喜欢他的弱点。她觉得这种幼稚的气质非常迷人。如果这个男人有点口吃，那就更加令她着迷了。如果这个男人有点跛足，就会激起她的母爱和其他的情感。通常情况下，这样的女性会主动诱惑男性，而男性也愿意屈服于母亲般的照顾。

然而，腼腆的年轻男性并不总是像个大孩子。可能他所需要的正是这种过度的母亲式的关爱，只有这样才能让他潜藏的男子气概发挥出来。女性通过这种关爱引导他的感受，让他充分意识到自己的男子气概。他学着理解一个富有生活经验和处世经验的、自信的女性，透过她来观察一切，这是一个难得的机会。但是，只有他迅速成长，跨越这一阶段时，他才能够从这段经历中受益。如果他沉溺其中，这种母性的关爱会毁了他。

当一个人武装好自己，准备为艰苦无情的生活而奋斗时，母亲般的温柔呵护就是致命毒药。如果他这时不能摆脱对她的依赖，他就会变成软弱的寄生虫。因为这些年长的女性大多数都很富有，年轻男性则会沦为她的“宠物”。

现在，让我们再来讨论一下无关乎性问题的无性恋，或者称为“柏拉图”式的恋情。如果有相关的数据统计，我相信瑞士的大多数学生都更倾向于这种柏拉图式的关系。显然，这种关系会涉及禁欲的问题。我们经常听说禁欲有损健康，然而这是不正确的，至少对于学生这个年龄段的人来说是不正确的。只有男性到了能够靠自己的魅力吸引女性，个体倾向于需要性行为时，禁欲才是有损健康的。在这种时候他会感受到自己的性需求异常强烈，这是有其生理目的的。他需要排除自己的疑虑、误解和犹豫，这是非常必要的。婚姻本身充满了不确定的可能性，经常使男性感到恐慌。因此，他可以依靠本性的力量推动他跨过这些障碍。在这种情况下，没有性行为自然是有损健康的。如果没有生理或心理的迫切需求，禁欲就不会影响健康。

说到这里，还有一个非常类似的问题，那就是自慰对健康的损害。当出现生理或心理原因，导致无法进行正常的性行为时，自慰起到了“安全阀”的作用，这并不影响健康。遭受自慰之苦而去就医的年轻人绝不是自慰过度——事实上他们并不是生病，也不需要就医。自慰之所以产生了危害，是因为他们出现了精神方面的并发症，随之引起良心不安，或者引起了种种性幻想。性幻想的情况在女性身上更为普遍。出现精神并发症的自慰是有害的，而普通的没有并发症的自慰并不会有损健康。然而，如果到了生理、心理上都可以正常发生性行为的年龄，且性行为也符合社会规则，沉迷于自慰仅仅是为了躲避必要的生活任务，那么自慰就是有害的。

学生时期，经历柏拉图式的关系是非常重要的。最常见的形式就是调情。调情是在表达一种实验性的态度，这在学生的年龄是完全正常的。这是一种心照不宣的默契，双方完全出于自愿，无需承担义务。这既是优势也是劣势。这种实验性的态度让双方都可以深入了解对方，短期不会产生任何不良后果。双方通过这种关系锻炼了判断力、自我表达能力、适应力和防御能力。调情让他们积累了各种各样的经验，这对他们今后的生活有着不同寻常的价值。从另一方面来说，既然不用承担什么义务，男孩很容易变得习惯于调情，变得肤浅、轻佻、冷酷无情。他善于迎来送往，但是个十足的负心汉。他从来没有意识到自己多么无聊。女孩容易变得卖弄风情，认真的男人会本能地认为无需认真对待她。

调情有多常见，有意识地培养认真的爱就有多么罕见。我们可能简单地称之为理想，却没有将它和传统的浪漫相提并论。毫无疑问，对于人格的发展而言，及时觉醒，并培养认真而负责的感觉是最具有价值的。这样的关系最能有效抵挡年轻人遇到的诱惑，也可以成为他努力工作、保持忠诚和责任感的动力来源。然而，任何事物，即使价值再大，也有其不利的一面。过于理想化的关系容易变得具有排他性。这种关系会阻止年轻男人结识其他的女性，也会阻止女孩学会以性欲征服男性的艺术，因为她已经找到了心仪之人。女性想要占有的本能是非常危险的，而男性很容易因为婚前没有与其他女性交往而后悔，并在婚后再去追求这种经历。

因此，我们不能认为这种严肃认真的关系都是理想化的。有一些案例恰恰并不理想化。例如，一对情侣在漫无目的的散步，或许只是出于习惯，或许是懒散、无助或其他什么原因，总之他们都无法摆脱对方。或许双方的父母也认为两人十分般配。两人的关系是不经意间开始的，出于习惯便一直延续了下来，被动地变成了事实。这样发展的关系有百害而无一利。对人格发展而言，默许和被动是有害的，它阻碍了人们积累宝贵经验，也阻碍了人们发挥自己的特殊才能和美德。道德品质只有在自由中才能取得，在道德受到威胁的情况下才能发挥它的价值。因为被关进监狱而不偷东西的窃贼并不是品德提高了，而只是因为被限制住了。尽管他们的父母可以仁慈地注视着这段动人的婚姻，并把孩子的体面列入自己的美德故事之中，但这一切终究都是伪装和错觉，缺乏真正的力量，会被道德的惰性削弱。

简短地介绍了真实生活中遇到的各种问题之后，作为结论，我会探讨关于内心的需求与乌托邦的可能性。

如今，我们在讨论爱的问题时，几乎不可避免地会谈到自由爱情的乌托邦，包括试婚这一话题。我认为这种想法只不过是一厢情愿的幻想，只是想要淡化实际生活中的问题，这些问题总是非常棘手的。想让生活变得容易，其难度不亚于种出一株长生不老的草药。就像要克服重力必须消耗相应的能量，同样，要解决爱的问题，也需要付出很多资源。其他的做法都无济于事，只有人人都达到了最高的道德境界，才有可能实现自由爱情。自由爱情这一观点并不是目的 ，只是为了让困难的问题看起来容易解决。爱情需要深度的感受和深度的忠诚，否则就不是爱，而是反复无常的任性。真爱本身就是承诺，是保持长久的关系。爱情只在做选择时需要自由，而不是在履行爱情之时。真爱和深爱都是一种牺牲。双方都放弃了其他一切选择，或者说放弃了对其他可能性的幻想。如果不牺牲一些选择，各种幻想就会阻碍爱的发展，不可能培育深爱和责任感。如此一来也就不可能感受到真爱。

爱与宗教信仰有许多相似之处。爱需要无条件的信任，需要绝对地服从。正如只有全心全意地服从上帝的信徒，才能享受神的恩典一样，只有那些无条件投入感情、无限忠诚的人，才能知晓爱的最高奥义，感受爱的奇迹。这一境界很难达到，因此凡人很少有人能够获得真爱。但是，正是因为最真诚、最投入的爱才最美好，所以不要试图让它变得容易。可怜的骑士要经历重重困难才能得到所爱的姑娘，他可能会畏缩不前。然而，爱就像神一样，只是眷顾那些最勇敢的骑士。

对于试婚，我也同样持批评的态度。如果一个人抱着尝试的态度走入婚姻，那他一定是有所保留的，他总想确保不冒任何风险。但是这样一来，他就“成功地”远离了一切真实的体验。没有人能通过阅读旅行书籍来体验到极地冰川的恐怖，也不可能在电影院里体验攀登喜马拉雅山脉的感受。

爱是有代价的，千万不要让它变得廉价！我们所有的负面品格——自我为中心、胆怯懦弱、人情世故、贪得无厌，这些都让我们不要把爱看得太认真。但是，只有当我们认真对待爱的时候，我们才会得到爱的奖赏。现如今，人们经常将性与爱区别开来，我认为这是一种不幸。爱与性是不可分割的，如果性方面出了问题，那只能通过爱来解决。其他的解决方式都是有害的。单纯的性行为是动物性行为，而表达爱的性行为却是神圣的。因此，不要管一个人做了什么，要看他是如何做的。如果是出于爱，或者爱的精神，那就是神圣的。无论他做了什么，都是高尚的，不是我们可以评价的。

我相信我已经表达清楚了我的观点，我没有对作为自然现象的性行为作出道德评价，而且更倾向于对其表现方式作出道德上的评估。